滚动轴承
故障信息提取
与寿命预测

GUNDONG ZHOUCHENG GUZHANG
XINXI TIQU YU SHOUMING YUCE

U0202371

著 隋文涛 张 丹

西北工业大学出版社

【内容简介】 滚动轴承广泛应用于机械设备中，对其进行有效的设备状态监测与故障诊断研究，及时确地预测设备运行趋势和剩余寿命，对保障系统平稳运行、减少甚至避免重大安全事故发生具有相当重要的意义。

本书以滚动轴承为研究对象，结合信号处理与人工智能等学科的成果，系统地介绍了旋转机械智能故障诊断与剩余寿命预测中的理论基础与前沿成果。本书的主要内容有：振动信号降噪，Gabor 滤波器的轴承状态监控方法，小波变换与特征信息提取，经验模式分解（EMD）和变分模态分解（VMD）理论与应用，基于支持向量机的剩余寿命预测等。

本书适合机械专业研究生使用。

图书在版编目（CIP）数据

滚动轴承故障信息提取与寿命预测／隋文涛，张丹著. —西安：西北工业大学出版社，2019.5
ISBN 978-7-5612-6448-5

Ⅰ.①滚… Ⅱ.①隋… ②张… Ⅲ.①滚动轴承-故障诊断 ②滚动轴承-产品寿命-预测 Ⅳ. TH133.33

中国版本图书馆 CIP 数据核字（2019）第 077770 号

GUNDONG ZHOUCHENG GUZHANG XINXI TIQU YU SHOUMING YUCE
滚 动 轴 承 故 障 信 息 提 取 与 寿 命 预 测

责任编辑：王梦妮		策划编辑：付高明	
责任校对：胡莉巾		装帧设计：唐 韵	

出版发行 西北工业大学出版社

通信地址 西安市友谊西路 127 号　　　　　邮编：710072

电　话 (029) 88491757，88493844

网　址 www.nwpup.com

印 刷 者 陕西金德佳印务有限公司

开　本 787 mm×1 092 mm　　　　1/16

印　张 6.25

字　数 126 千字

版　次 2019 年 5 月第 1 版　　　2019 年 5 月第 1 次印刷

定　价 20.00 元

前　言

　　滚动轴承是旋转机械中最基础且易发生故障的零部件之一，其运行状态对于保障关键设备安全可靠运行意义重大。对滚动轴承进行状态监测，当设备出现劣化特征时，准确判断其故障及预测其剩余寿命对于合理安排设备的维修决策至关重要。随着信号处理技术的不断发展，例如，小波变换、经验模式分解（EMD）和变分模态分解（VMD）等，这些新方法都有效地应用到了故障诊断中，推动了故障诊断技术的发展。本书以滚动轴承为研究对象，结合信号处理与人工智能等学科的成果，系统地介绍了智能故障诊断与剩余寿命预测中的理论基础与前沿成果。

　　本书内容主要参考了山东省自然科学基金项目"滚动轴承故障信息提取与寿命预测研究（ZR2016EEM20）"和"滚动轴承故障的特征提取与诊断方法研究（ZR2012EEL06）"的研究成果，同时也参考了国内外相关学科领域有关的研究成果和专著。

　　全书共分 5 章，第 1 章综述滚动轴承故障诊断和剩余寿命预测的意义和研究进展。第 2 章介绍轴承几何尺寸结构、故障特征频率和目前最经典的共振解调技术。第 3 章介绍多种轴承信号降噪方法和 VMD 理论在振动信号分析中的应用。第 4 章介绍多种故障信息提取方法，包括小波变换法、最优 GABOR 滤波器法、经验模态分解法和模糊 C 均值算法（FCM）。第 5 章介绍剩余寿命预测的方案，包括特征提取与约减和支持向量机预测方法。

　　本书是笔者对所承担的山东省自然科学基金项目的研究成果经过认真筛选、取舍后而成稿。非常感谢加拿大湖首大学的 Wilson Wang 教授在课题研究过程中给予的帮助。编著本书目的是为机械故障诊断领域的研究者、工程技术人员及相关专业的研究生提供参考，但是由于笔者水平有限，书中不当和错误之处在所难免，恳请读者批评指正。

著　者

2019 年 3 月

目　录

目录

第1章 绪 论

1.1 滚动轴承故障诊断的意义

滚动轴承是旋转机械中最基础且最易发生故障的零部件之一，其运行状态对于保障关键设备安全可靠运行意义重大。对滚动轴承进行状态监测，当设备出现劣化特征时，准确判断其故障及预测其剩余寿命对于合理安排设备的维修决策至关重要[1]。滚动轴承作为机械设备的重要组成部分，在整个系统中有着举足轻重的作用，精确的轴承故障诊断技术对于提高机械系统可靠性具有重要意义，对滚动轴承进行状态评估可以提高装备的可靠性，从而防止机械设备性能退化和提高生产质量[2-6]。

在使用滚动轴承的旋转机械中，大约有30%的机械故障是由滚动轴承引起的[1]。对机械设备应用状态监测与故障诊断技术后，事故发生率可降低75%，维修费用可减少25%～50%。滚动轴承的状态监测与故障诊断技术在了解轴承的性能状态和及早发现潜在故障等方面起着至关重要的作用，而且还可以有效提高机械设备的运行管理水平及维修效能，具有显著的经济效益[7-9]。

滚动轴承工作状态评估及寿命预测技术的研究的过程是将定期维修变为预先维修，通过对滚动轴承的运行状态以及工作环境作实时监测，进而预测出轴承的故障情况并及时地进行部件维修和更换，不但能避免部件的浪费、节约开支，而且可以保证机械设备运行状况良好，减少甚至杜绝事故的发生，从而最大限度地发挥出滚动轴承的性能，所以开展滚动轴承的工作状态评估及寿命预测技术的研究有着重要的意义[10-11]。在滚动轴承的工作状态及寿命预测技术中，对相关理论的研究非常重要，例如信号分析、智能预测等理论，对滚动轴承工作状态及寿命预测技术的研究需要在实践中使用并检验这些理论，且同时利用它们找出最好的故障预测方法，从而进一步完善滚动轴承的工作状态及寿命预测技术。所以，实施滚动轴承的工作状态及寿命预测技术，推动了相关研究以及相关学科的发展，并为下一代产品的生产提供了可靠的理论依据以及反馈信息。

1.2　滚动轴承故障的特征提取方法

滚动轴承工作状态评估及寿命预测技术的研究包括两个重要方面，即运行状态的特征提取和剩余寿命预测。特征提取是关键，寿命预测是目标。

"特征提取"又称"特征抽取"，是指通过变换，把高维的原始特征空间的模式向量用低维的特征空间的新的模式向量来表达，从而找出最具代表性的、最有效的特征的方法。特征提取主要借助于信号处理方法，特别是现代信号处理的理论和技术手段，从对信号的深度分析中获取更多的信息。目前还没有比振动检测法更好的用于滚动轴承监测与故障诊断的特征信号提取方法。本书也将以滚动轴承振动信号作为监测与故障诊断的基本信号进行分析研究。

1.2.1　时域特征提取方法

时域分析是对振动信号直接进行各种运算且运算结果仍属于时域范畴，时域统计特征参数为时间序列的低阶或高阶的统计量，计算简便且有明确的物理意义。不同故障类型及不同故障程度的信号所引起变化的统计特征参数也不同，如峭度、脉冲指标对冲击类故障比较敏感，均方根值对磨损类故障比较有效。总体来说，时域统计特征量提供了轴承健康状态的全局性特征，但对故障的根源分析有限。时域特征被普遍认为是很好的故障检测方法，但它不能用于故障分离，即确定缺陷的位置是内圈、外圈、滚动体还是保持架。

1.2.2　频域特征提取方法

频域特征分析首先将时域信号经过傅里叶变换或希尔伯特变换为频域信号，再对其进行各种运算的分析方法，如幅值谱分析、功率谱分析、互谱、希尔伯特包络解调谱分析和细化谱分析等。通过对频域中各频率成分的分析，对应轴承等零部件运行时的特征故障频率，则可以找出根本的故障源。包络分析也称为幅值解调或高频共振技术，是一种广泛使用的基于频域的轴承故障诊断方法。

频域特征提取方法主要包括频谱分析、包络分析、倒频谱分析和高阶谱分析，简要总结如下：

（1）频谱分析。频域特征提取最常用方法就是频谱分析。频谱（实际上更多的功率谱）从振动信号的快速傅里叶变换获得代表信号的特征频率。无论是计算振动信号的整体频谱，还是轴承特征频率处的振幅或频率都可以作为特征进行分析对比。功率谱可用于对比相应的故障特征频率和主要频率成分来确定故障的位置。

（2）包络分析。包络分析也被称为幅值解调或高频共振技术（HFRT），是目前为止最为成功的轴承故障诊断方法，将其归属为频域分析技术。包络分析方法一般包括两个重要步骤：带通滤波和包络解调。滚动轴承缺陷会造成宽频脉冲。滚动轴承的某些振动模式及其支撑结构将被宽频脉冲所激发。先对共振峰附近的信号成分进行带通滤波，然后包络解调，即可消除结构共振，获得需要的故障特征频率信息。

（3）倒频谱分析。倒频谱被定义为功率谱的对数，可以用于检测频谱的周期性。故障轴承元件会产生冲击，轴承及其结构会对此作出响应。因此，从信号与系统角度看，滚动轴承的故障振动信号可以视为故障冲击（输入）和系统对冲击的响应这两者的卷积。倒频谱分析可检测谐波之间的间距。

（4）高阶谱分析。高阶谱通常是指双频谱和三频谱。高阶谱也被称为高阶统计，双频谱和三频谱本质上是第3和第4阶统计信号的频谱。高阶谱（双频谱和三频谱）已被证明有更多的诊断信息。

1.2.3 时频域特征提取方法

传统时域和频域分析方法都是基于平稳理论而提出的，不能有效分析非线性、非平稳信号，而滚动轴承由于发生故障所引起的动态响应是非平稳过程，其振动信号也为非平稳信号。因而时频分析应运而生，它是用时间和频率的二维联合分析来描述非平稳信号的统计特征随时间变化的情况。目前常用的时频分析方法有小波变换、经验模式分解法（EMD）分解、HHT时频分析、短时傅里叶变换（Short-time Fourier Transforill，STFT）、小波（Gabor）变换和魏格纳-威尔（Wigner-Ville）分布等。短时傅里叶变换的概念很简单，但其有一个严重的缺点，即不能同时在时间和频域具有好的分辨率。Wigner-Ville分布是一个双线性变换，没有对谱图的限制，但是双线性变换具有干扰项，使得估计分布很难解释。小波理论被认为是对傅里叶分析的重大突破，它已成为当今从应用数学到信号与图像处理等众多领域的研究热点。ANTONI提出的峭度图方法，采用短时傅里叶变换等快速计算谱峭度，是目前引用较多的一种方法[12-13]。经验模式分解法为基于数据本身的分解，具有自适应的优点，是最近的研究热点[4,14-15]。

崔锡龙等[16]提出了广义形态滤波和变分模态分解（Variational Mode Decomposition，VMD）相结合的方法，利用VMD对去除噪声的故障信息进行分解，得到若干个模态分量，能够显著地去除噪声对有效信息的影响，凸显故障信息的特点。马洪斌等[17]利用优化参数的变分模态分解对仿真信号和实测信号进行分析，提取特征信息，有效地对故障类型进行识别。张云强等[18]利用VMD良好的非平稳信号分解能力将轴承振动信号分解成有限个平稳的本征模式函数（IMF）分量，有效提取振动信号中的非线性和非平稳特征。赵昕海等[19]利用 VMD 对噪声的敏感特性，提出了一种基于 VMD 的降噪方法。VMD 能有效提取故障特征信号，并证明该方法的降噪效果优于小波变换降噪方法。赵洪山等[20]针对风电机组轴承故障特征难以提取的问题，对降噪后的信号进行 VMD 分解，并利用峭度指标筛选出敏感本征模态函数，最后通过分析敏感 IMF 包络谱中幅值突出的频率成分判断故障类型。该方法成功地提取出了故障特征频率，实现了风电机组轴承故障的有效诊断。

1.3 滚动轴承故障的模式识别方法

轴承故障诊断的实质是一个对故障模式进行分类识别的过程，所以模式识别技术在机械故障诊断领域中有着大量的应用。其中，设计或选用合适的分类器来进行故障模式识别是故障诊断的一个关键。目前常见的智能化故障模式分类方法主要有神经网络法[21-22]、支持向量机法[23-24]、模糊理论[25]等。

传统的轴承故障诊断很大程度上靠有经验的老师傅，这样会受到技术人员个人的技术水平限制，无法保证复杂条件下的诊断正确性。依靠 AI（Artifical Intelligence，人工智能）方法的发展进步，机械故障诊断开始运用智能化的自动故障诊断。

支持向量机（Support Vector Machine，SVM）与人工神经网络相比优点很多，例如结构简单，而且泛化能力得到明显提高，更适合于机械故障诊断这种实际工程问题的解决。支持向量机的主要研究问题之一是如何确定最优参数（惩罚参数 C 和核函数参数 σ），从而提升最小二乘支持向量机学习和泛化能力。

很多已经发表的论文中都应用到了这种依据模式识别理论进行故障诊断，这种方法的本质是：利用已知的典型信号（包括正常或外圈等故障信号）训练分类器，然后输入新的信号特征，分类器根据以前"学习"得到的知识去判断目前的信号是好还是坏。但是本书不打算运用这种方法，原因是这种方法需要大量的数据进行训练学习，但是实际当中又很少能有机会采集全面的故障信号，特别是贵重或特殊机械（如航天飞机、火箭发射），比如多种转速、多种载荷、多种故障类型、多种故障尺寸、多种故障位置。所以就目前发表的论文而言，这种技术仅适用于分类器训练过的特殊机械特殊故障。

赵洪山等[26]针对风电机组数据采集与监视控制（Supervisory Control and Data Acquisition，SCADA）变量间存在的长期动态平衡关系，利用受限玻耳兹曼机逐层智能学习主轴承样本数据蕴含的特定规则形成抽象的表示，构建深度学习网络模型，通过仿真结果验证逐层编码网络深度学习方法对主轴承故障检测的有效性。温江涛等[27]提出基于压缩感知和深度学习理论，研究用随机高斯矩阵实现轴承信号的变换域压缩采集，并将此信号输入深度神经网络实现故障的智能诊断。郭亮等[28]提出基于深度学习理论的状态监测方法。该方法针对滚动轴承振动数据耦合程度高，信号特征提取和识别模型建立困难的问题，将单层学习网络叠加构成深度神经网络，建立深度神经网络的轴承状态识别模型，实现准确的轴承状态监测。汤宝平等[29]分析了现有的风电机组传动系统振动监测系统的功能与特点，指出了基于多源信息融合的大数据预测分析与智能维护将是风电机组健康管理的重要发展趋势。姜景升等[30]将 BP 神经网络的智能诊断方法，应用于离心泵的滚动轴承故障诊断中，实践证明该方法在大数据滚动轴承故障诊断中取得良好应用效果。

1.4 滚动轴承的剩余寿命预测

目前，滚动轴承的工作状态和寿命预测技术可分为基于模型的方法（Model Based Approach）、基于知识的方法（Knowledge Based Approach）和基于数据的方法（Data Driven Approach）三大类[10]。

（1）基于模型的工作状态和寿命预测技术。应用基于模型的工作状态和寿命预测技术的前提是已知该对象系统的数学模型，通常这些模型由相关领域的专家给出，然后经过大量数据验证，往往比较精确。不过，在实际工程运用中往往要求对象系统的数学模型要有较高的精度，但是对复杂的动态系统要建立精确的数学模型通常比较难，所以基于模型的工作状态和寿命预测技术的实际应用范围受到了一定的限制。

（2）基于知识的工作状态和寿命预测技术。基于知识的方法无须对象精确的数学模型，从而比基于模型的方法更实用。基于知识的工作状态和寿命预测技术中最具代表性的两种是专家系统与模糊逻辑。基于知识的工作状态和寿命预测技术的最大优势是可以充分地利用对象系统中相关领域专家的知识与经验。

（3）基于数据的工作状态和寿命预测技术。在研究诸多实际的工作状态和寿命预测问题时，建立能够描述复杂设备的工作情况的数学模型十分不经济，并很难实现，而且其领域专家的经验知识不能进行有效表达，从而只能把设备工作的历史数据作为了解设备性能下降的主要途径，甚至是唯一途径。

Shen 等[31]利用多变量支持向量机（SVM）和相关变量支持向量机（RMS）预测在有限监测数据下的滚动轴承的剩余寿命。他们利用 RMS 特征作为描述轴承退化的特征，而用多变量 SVM 进行剩余寿命预测。Sun 等[32]在轴承信号中提取相关的特征作为 SVM 的输入变量，输出是轴承的运行时间比以及失效时间。该模型的数据来自于几个失效的轴承，并将待预测的轴承信息进行了融合。不同的轴承被分配不同的权重系数，最后将这些轴承信息相融合便得到了新的 SVM 模型来预测新轴承的剩余寿命。Kim 等[33]基于健康状态概率评估和历史数据提出了一种描述轴承剩余寿命评估的方法。该方法使用 SVM 分类器作为识别轴承健康状态的工具。Galar 等[34]利用特征谱与 SVM 分类器实现剩余寿命的预测。利用 SVM 分类器可以将通过监测得到的系统的全生命周期进行划分，进而得到不同的类别。用新测得的数据与训练得到的类别距离作对比，可以实现系统退化速度的估测。Edwin 等[35]是 2012 年 IEEE PHM 数据挑战赛的冠军获得者，他们提出使用基于支持向量回归的软计算模型预测滚动轴承的剩余寿命。

第 2 章　滚动轴承结构和共振解调

本章首先对滚动轴承进行介绍，内容包括轴承几何尺寸结构、故障特征频率。共振解调技术又称为包络解调，是目前最为常用且有效的故障分析方法，在本章进行详细介绍。

2.1　滚动轴承的几何形状和特征频率

根据结构，滚动轴承可以分为两个主要类型：球轴承和滚子轴承。球轴承为点接触，滚子轴承的滚道为线接触。在一般情况下，滚动轴承用来承担轴向或径向负荷，内圈和外圈之间的圆柱或球使得旋转摩擦最小化。有不同类型的滚动轴承，其中球轴承相比滚子轴承是最经济的。也有不同类型的球轴承，如推力轴承、轴向轴承、角接触轴承和深沟球轴承。本书的实验轴承是深沟球轴承。轴承一般是由四个主要部分组成：内圈、外圈、滚动体和保持架。一个典型的深沟球轴承结构如图 2-1 所示。内圈固定在轴上，其外侧有一个圆形沟槽供滚子滚动。外圈安装在壳体中，内侧也包含一个类似圆形的球滚道槽。通常，内圈带着滚动体进行旋转。但也有一些情况下，内圈静止外圈带动滚动体。大多数裂纹或凹痕等故障出现在固定的那个圈上，因为这个部位就是载荷区。球状空间的内、外滚道使它们之间的相对运动平稳。保持架是为了让滚动体均匀间隔在轴承内部，防止它们相互摩擦聚在轴承一侧。

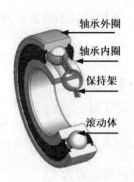

图 2-1　深沟球轴承的结构

　　轴承缺陷可以分为分布式和局部故障。引发局部故障缺陷的基本原理与运行条件直接相关，原因是滚动元件和圈之间的接触应力。这会导致轴承的损坏，比如点蚀、刮擦，压痕和塑性变形、外表面腐蚀。局部故障缺陷有裂纹，滚动表面上的凹坑和剥落。缺陷的存在会导致振动水平的显著增加，可以为不同的机械故障提供大致诊断信息。分布缺陷主要有磨损、表面粗糙、波纹和内外圈不对中。在实际应用中，许多分布式缺陷起源于局部故障缺陷。

　　在一般情况下，轴承状态监控中关心的主要问题是识别早期阶段的轴承故障，防止机械性能下降。分布式故障起源于局部的轴承故障（例如，一个凹坑或剥落），因此本章重点研究局部性轴承故障。目前最常用的技术是轴承信号的频谱分析，即特征频率分析。假定轴承几何形状如图 2-2 所示，D 为外径尺寸，d_m 为节圆直径尺寸，d 为滚动体直径尺寸，d_b 为球直径尺寸，w 为沟道宽度尺寸，α 为是接触角。

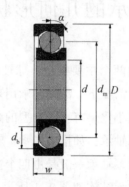

图 2-2　滚珠轴承结构

　　保持架直径 d_c 近似为

$$d_c = (d_i + d_o) / 2 \qquad (2.1)$$

式中，d_i 和 d_o 分别是内圈直径和外圈直径。

　　滚动体通过内圈或者外圈处某个故障时的频率称作轴承通过频率（Ball Pass Frequency，BPF）。对于外圈故障，该特征频率的公式为

$$B_{PFO} = f_r(z/2)\left(1 - \frac{d_b}{d_m}\cos\alpha\right) \qquad (2.2)$$

式中，z 是滚动体数目；f_r 是轴的频率。

　　对于内圈故障，该特征频率的定义为

$$B_{PFI} = f_r(z/2)\left(1 + \frac{d_b}{d_m}\cos\alpha\right) \qquad (2.3)$$

　　对于滚动体故障，该特征频率的表达式为

$$B_{SF} = f_r(z/2)\left(\left(1 + \frac{d_b}{d_m}\cos\alpha\right)^2\right) \qquad (2.4)$$

上述方程表明，特征缺陷频率取决于运动学原理，如转速和轴承中的缺陷位置。如果直接或在处理后的频谱上存在特征频率就意味着缺陷故障。轴承信号分布在很宽的频带里，可以很容易地被低频机械振动与噪声所淹没。滚动体与故障处的连续冲击会引起结构共振，而且共振频率的控制主导频谱。因为与共振幅值对比，特征频率振幅较低，因此故障特征频率不易被检测。

2.2 共振解调技术

共振解调技术又称为包络解调，是振动检测技术在轴承故障诊断中重要的发展和延伸，也是最经典、最成功的滚动轴承诊断技术之一，所以本节专门进行叙述。

举例来说，当轴承外圈出现局部裂纹或凹坑时，滚动体与之接触就会产生冲击，继而引起系统的多个高频共振模式。实际这是一种幅值调制现象，与共振频率相关的高频成分就是载波信号，而与轴承故障频率相关的低频信号就是调制信号，低频信号是我们所关心的。对幅值调制的带通信号进行解调，从而求取包含有故障信息的包络，所谓故障信息是指与故障相关的重复冲击信号。

如图 2-3 所示，滚动轴承的外圈存在单点故障，每当一个滚动体通过此位置时就发生一次冲击。举例来说，如果敲一下钟，钟会以其固有频率振动。任何结构都是如此，所以滚动轴承相关部件在冲击作用下会产生振动。振动模式将取决于冲击力、质量、物体的减振特性和其他参数。这里有两种与轴承缺陷有关的周期成分，即轴承故障周期和轴承装配体固有的"共振"周期。

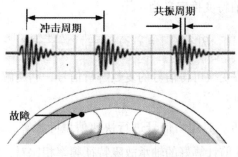

图 2-3 冲击周期与共振周期

（1）轴承故障周期，或者说"冲击"周期。冲击周期就是由于故障缺陷导致的冲击之间的时间间隔。冲击周期这部分信号自身不是正弦运动，是脉冲冲击。这些冲击正是故障诊断所需要的，可以依据冲击频率（特征频率）确定发生了何种故障。

（2）轴承装配体固有的"共振"周期。因为冲击力使轴承结构鸣响，产生与装配轴承共振频率有关的正弦波。理论上，这种周期信号会逐渐消失，然后离开直到下一次冲击开始。这种信号不是连续的正弦波，而是瞬态的。

采用共振解调技术提取故障信号的基本原理分为以下 3 个环节：

（1）带通滤波。因为宽频带故障信号在传感器共振频率处得到增强，所以先选择合适的带通滤波器，使其中心频率等于该固有频率，从而把该高频的固有振动频率信息分离出来。滤波器通频带的选择最为重要，对包络分析有决定性的影响。在轴承共振频率附近对轴承振动信号进行倍频程的带通滤波，目的是抑制一些由转子不平衡或装配不当引起的低频、高振幅干扰以及高频杂讯，排除轴承元件以外所造成的振动频率，经过带通滤波之后并还原滤波后的信号至时域。

近几年最为有效的方法是谱峭度法（Spectral Kurtosis），根据频带信号的峭度值选取带通滤波的通频带。当然共振频带或带通频率的选择也是目前的一个研究热点，此处不做深入讨论。

（2）包络检波。经过带通滤波器滤波后，对该共振信号包络解调，得到一个与故障冲击频率一样的脉冲信号。

从数字信号处理角度看，很多研究都采用了希尔伯特变换（Hilbert Transform）来获得经过带通滤波后信号的包络。

希尔伯特法求包络的原理是，让原始信号 $x(t)$ 产生一个 90°的相移 $\hat{x}(t)$，两者构成一个解析信号。

$$z(t) = x(t) + \mathrm{j}\hat{x}(t) \tag{2.5}$$

对上述解析信号求模，得到包络信号 $Z(t)$ 为

$$Z(t) = |z(t)| = \sqrt{x(t)^2 + (H[x(t)])^2} \tag{2.6}$$

信号 $x(t)$ 的希尔伯特变换定义为

$$H[x(t)] = \hat{x}(t) = \frac{1}{\pi}\int_{-\infty}^{\infty}\frac{f(\tau)}{t-\tau}\mathrm{d}\tau \tag{2.7}$$

求出信号的希尔伯特变换可得信号的复数解析信号，利用解析信号求得原信号之包络线，达到幅值解调的效果。

（3）相关包络谱分析。对包络信号进行快速傅里叶运算，求取轴承故障频率处的能量。分析包络谱图，与提前计算好的轴承故障特征频率相比对，从而辨别出轴承故障的具体部位。

为了增强包络分析的效果和提高频谱分辨力，本书提出包络自相关谱方法，目的是有效突出特征频率成分，抑制噪声。其主要步骤是先求包络的自相关信号，再求自相关信号的频谱，本书称其为相关包络谱。

包络信号 $Z(t)$ 的自相关信号公式如下（其中 N 为信号长度）：

$$R_{xx}(m) = E\left[Z(t)Z(t-m)\right], \quad m = 0, 1, \cdots, N-1 \tag{2.8}$$

自相关信号的频谱公式为

$$R_{xx}(f) = \mathrm{FFT}\left[R_{xx}(m)\right] \tag{2.9}$$

轴承发生缺陷时，由轴承缺陷造成的振动脉冲会与结构共振频率产生振幅调制现象，所以无法利用传统频谱分析方式分析轴承缺陷特征频率范围内观察到的异常状态，必须借助包络谱分析方法解调并检测出缺陷频率。

包络分析中的一个关键步骤是带通滤波，带通滤波器之主要目的是排除与轴承元件无关的频率范围，如低频的扰动、转子不平衡及高频杂讯、结构背景振动等因素，而带通滤波器截止频率范围应涵盖轴承共振频率，使分析结果有较高的正确性。

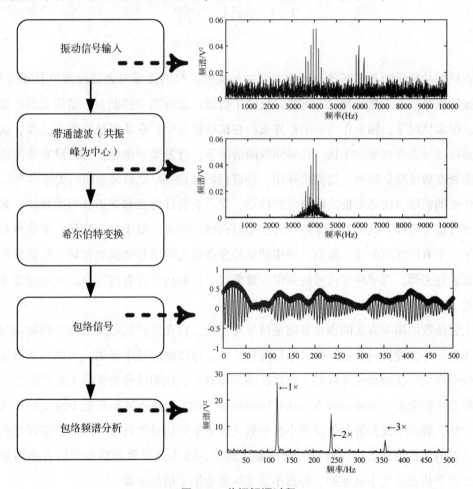

图 2-4　共振解调过程

包络谱分析对于轴承的初期损伤非常有效，但若损伤扩散并且成为沿轴承轨道上的随机分布时，此时包络谱中谱峰变得模糊不清，而频谱变为宽频带，此时简单的均方根振级分析就能指出振级过大而不需要使用包络谱分析即可辨别。

第 3 章 振动信号的预处理和降噪

3.1 引 言

在机械故障诊断和运行状态监控领域内，振动信号的降噪对表征故障信息非常重要。因为振动信号具有大量运行状态信息，反映了机械在运行当中的断裂、结构变形、撞击等情况。很多情况下，轴承作为一个部件安装在机械设备中，在非平稳状态下工作，这样采集的振动信号会受到噪声干扰。在早期故障情况下，背景噪声很强，会淹没有效的故障信息。能否有效地降低噪声、提高信噪比，是进行机械设备早期故障诊断的关键[36-37]。

传统的消噪方法是根据实际信号的特点、噪声的统计特征和频谱分布的规律，采用滤波器进行信号降噪。其中最为常用的方法是根据噪声能量一般集中于高频，而信号频谱则分布于一个有限区间的这一特点，采用傅里叶变换将含噪信号变换到频域，然后采用低通滤波器进行去噪。当噪声和信号的频带有重叠时，比如信号含有白噪声，低通滤波去噪效果较差。

上述传统的消噪方法的理论基础是傅里叶变换，存在保护信号局部特性和抑制噪声之间的矛盾。小波变换具有良好的时频局部化特性，可以解决这个矛盾。当然小波方法在信号消噪中得到广泛的研究并取得了非常好的应用效果，成为信号去噪的主要方法之一。

静态小波变换（Stationary Wavelet Transform，SWT）是一种非正交小波变换，具有平移不变性。静态小波分解后各层的小波系数长度等于原信号的长度，所以能够保证各层中都有足够的系数信息求取去噪时的渐近最优阈值，减小信号重建后出现的吉布斯振荡现象。相对于传统正交小波变换，静态小波变换更适用于信号去噪。

目前，小波降噪一般是通过对小波系数进行数学处理实现的，主要方法有三种：①Mallat 1992年提出的利用模极大值原理去噪[38]；②Xu Yansun 1994 年提出的空域相关法去噪[39]；③Donoho 1995 年提出的阈值伸缩法去噪[40]。其中阈值伸缩去噪算法最为常用。阈值伸缩去噪算法中有两个最关键的问题，即阈值的确定和阈值函数的选取。主要的阈值确定方法有基于 Stein 无偏似然估计阈值（Rigrsure）、通用阈值（VisuShrink）、启发式阈值（Heursure）和极小极大阈值（Minimaxi）。软阈值函数（Soft Shrinkage）和硬阈值函数（Hard Shrinkage）是两种最常用的阈值函数。硬阈值函数会造成信号边缘模糊和不连续，导致去噪后信号出现突变和振荡点。软阈值函数整体连续性好，但阈值处理后的系数与原信号系数之间总存在恒定的偏差，从而将影响重构信号与真实信号的逼近程度[41]。

　　为了克服以上不足，本书在介绍阈值选取和阈值确定的基础上，提出了一种新的阈值处理法，通过仿真信号和测试信号证明该法信号去噪后信息损失少、去噪效果理想。

3.2　基于平稳小波变换的降噪

3.2.1　小波去噪方法

1. 降噪数学模型

假设含噪数据

$$x = s + n \tag{3.1}$$

真实信号由 s 和噪声 n 组成，且 s 与 n 相互独立。

　　假定 n 满足以下条件：①不相关；②服从正态分布；③方差为常量。大多实际情况并非能满足以上条件，可以适当放宽假设条件，以满足实际应用的需要[42]。

　　假设 n 为高斯噪声，其概率密度函数服从正态分布（高斯分布），均值为 0，功率为信号的方差。降噪的目标是在观察到 x 的前提下，对 s 进行估计。

　　小波变换是一种线性变换，对观测数据经过小波变换得

$$X_w = S_w + N_w \tag{3.2}$$

式中，$X_w = W（x）$，$S_w = W（s）$ 和 $N_w = W（n）$ 分别为含噪系数、信号系数与噪声系数。

　　2. 小波去噪原理与方法

　　目前，小波降噪一般是通过对小波系数进行数学处理实现，主要方法有三种[43]：模极大值原理去噪、空域相关法去噪、阈值伸缩法去噪，其中阈值伸缩去噪算法最为常用。

　　含噪信号的小波变换等于信号的小波变换与噪声的小波变换的和。随着小波分解尺度的增加，真实信号 s 的小波变换系数幅值基本不变，而噪声 n 的小波变换系数幅值很快衰减为零。基于这一原理，小波去噪的实质是缩小甚至完全去除由噪声所产生的系数，同时最大程度地保留有效信号对应的小波系数。最后用逆变换重构信号，达到去噪的目的。其

中的关键是用什么准则来去除属于噪声的小波系数，增强属于信号的部分[44]。

小波阈值去噪的基本步骤：

（1）先对含噪信号 $x(t)$ 做小波变换，选择合适的小波基和分解层数 j，进行小波分解得到相应的小波系数 $W_{j,k}$。

（2）对分解得到的小波系数 $W_{j,k}$ 进行非线性阈值处理，得出阈值处理后小波系数 $\hat{W}_{j,k}$。

（3）利用 $\hat{W}_{j,k}$ 进行小波重构，得到去噪后的信号 $\hat{x}(t)$。

以上三个步骤，重点是选取阈值及进行阈值处理，这一步在很大程度上影响到信号去噪的质量。对于阈值选取而言，如果阈值太小，去噪后的信号仍然有噪声的存在，去噪不彻底。相反，阈值太大，信号的部分又将被去掉，引起误差。

以下是常用的四种阈值估计方法：

（1）VisuShrink 阈值。VisuShrink 阈值方法由 Donoho 提出[36]，又称通用阈值法。它是基于最小最大估计得出的最优阈值，阈值 η 为

$$\eta = \sigma\sqrt{2\log(N)} \tag{3.3}$$

式中，N 表示待分析细节层的小波系数长度；σ 为信号中的噪声标准差，可以用小波系数估计噪声方差，即

$$\hat{\sigma} = \text{median}(\,|\,W_{j-1,k}\,|\,)/0.675 \tag{3.4}$$

式中，$W_{j-1,k}$ 表示 $j-1$ 级（最高分辨级）小波系数。

（2）SureShrink 阈值。SureShrink 阈值又称 Stein 无偏似然估计（SURE）阈值[45]，是由 Donoho 和 Johnstone 共同提出的一种自适应阈值方法。该准则是均方差准则的无偏估计，是专门针对软阈值函数得出的结论，且 SureShrink 阈值趋近于理想阈值。

SureShrink 阈值的具体计算过程如下：

1）信号的长度为 N；

2）将某一层的小波系数的平方由小到大排列，得到一个新的向量 $S=[s_1,s_2,\cdots,s_n]$，其中 $s_1 \leq s_2 \leq \cdots \leq s_n$；

3）计算风险向量 $R=[r_1,r_2,\cdots,r_n]$，其中

$$r_i = \frac{(N-2i+(N-i)s_i+\sum_{k=1}^{i}s_k)}{N} \tag{3.5}$$

4）以 $\boldsymbol{R}$ 中的最小元素 r_B 作为风险值，由 r_B 的相应位置 B 求出对应 s_B，则

$$\eta = \sigma_n \sqrt{s_B} \tag{3.6}$$

（3）Heursure 阈值。启发式阈值规则是无偏似然估计和固定阈值规则的综合。如果 SNR（信噪比）很小，按无偏似然估计处理的信号噪声较大，这种情况就采用这种固定的阈值 $\eta = \sigma \sqrt{2\log(N)}$。在高 SNR（信噪比）情况下，根据无偏似然估计产生的阈值抑制噪声的效果不明显，会在这两种阈值中选择一个较小的作为阈值。

（4）Minimaxi（极小极大）阈值。极小极大（Minimaxi）阈值是一种固定的阈值选择方法[45]，它产生的是一个最小均方误差的极值，而不是无误差。根据统计学，极小极大即极大中的极小。

Minimaxi 阈值的计算公式为

$$\eta = \begin{cases} 0, & N \leqslant 32 \\ \sigma_N(0.396 + 0.189 \times \log_2 N), & N > 32 \end{cases} \tag{3.7}$$

式中，N 为信号长度。

3. 阈值函数

在求得阈值后，有两种常用的处理方法：硬阈值法和软阈值法。阈值函数体现了对大于和小于阈值的小波系数的不同处理策略，它们的定义如下。

硬阈值法：

$$\hat{W}_{j,k} = T_h(W_{j,k}, \eta) = \begin{cases} W, & |W_{j,k}| \geqslant \eta \\ 0, & |W_{j,k}| < \eta \end{cases} \tag{3.8}$$

式中，$W_{j,k}$ 为原始小波分解系数；$\hat{W}_{j,k}$ 为阈值处理后的系数；η 为阈值。硬阈值的思想是把小波分解系数的绝对值和阈值 η 相比较，低于或等于阈值的系数变为零，大于阈值的点保持不变。如图 3-1（b）所示。

软阈值法：

$$\hat{W}_{j,k} = T_s(W_{j,k}, \eta) = \begin{cases} \mathrm{sgn}(W_{j,k})(|W_{j,k}| - \eta), & |W_{j,k}| \geqslant \eta \\ 0, & |W_{j,k}| < \eta \end{cases} \tag{3.9}$$

式中，$W_{j,k}$ 为原始小波分解系数；$\hat{W}_{j,k}$ 为阈值处理后的系数；sgn（）表示符号函数；η 为阈值。软阈值的思想是：把小波分解系数的绝对值和阈值 η 相比较，低于或等于阈值的点变为零，大于阈值的点变为该点绝对值与阈值的差值，并保持符号不变，如图 3-1（c）所示。

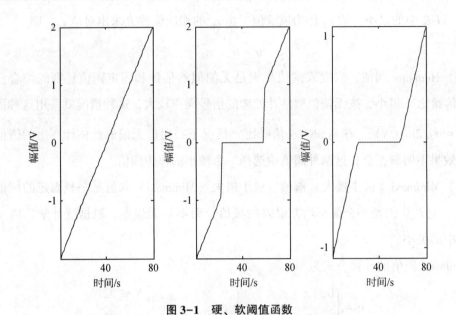

图 3-1 硬、软阈值函数

（a）原始信号；（b）硬阈值处理后信号；（c）软阈值处理后信号

假设图 3-1 中 $\eta=0.9$，由图可知，在硬阈值方法中，小波系数 $\hat{W}_{j,k}$ 在阈值 η 处是不连续的，这样，利用 $\hat{W}_{j,k}$ 重构所得的信号会产生振荡，缺少原始信号的光滑性。而由软阈值方法得到的 $\hat{W}_{j,k}$ 虽然整体连续性好，但当 $|W_{j,k}| \geqslant t$ 时，$\hat{W}_{j,k}$ 与 $W_{j,k}$ 总存在恒定的偏差 η，影响了重构信号与真实信号的逼近程度。

3.2.2 基于峭度的平稳小波去噪

1. 平稳小波变换理论基础

为了方便计算机进行分析、处理，信号都要离散化为离散序列，得到离散小波变换，记为 DWT（Diserete Wavelet Transform）。Mallat 算法是计算离散小波变换的快速算法。在 Mallat 算法中，输入信号分别经过低通和高通滤波器卷积后，进行隔二取一的下采样得到尺度系数和小波系数。但由于 DWT 中进行了下采样，得到的小波系数缺乏平移不变性。静态小波变换（Stationary Wavelet Transform，SWT）的引入在一定程度上解决了该问题。

静态小波变换与离散小波变换相同之处在于在每层上都运用高通和低通滤波器对输入信号进行处理，不同之处是静态小波变换不对输出信号进行下采样，而是进行上采样。

假设 $s[n]$ 的长度为 N，其中 $N = 2^J$，J 为整数。$h_1[n]$ 和 $g_1[n]$ 是由正交小波确定的高通滤波器和低通滤波器。在第一层，输入信号 $s[n]$ 与 $h_1[n]$ 相卷积得到近似小波系数 $a_1[n]$，与 $g_1[n]$ 相卷积得到细节小波系数 $d_1[n]$。

$$a_1[n] = h_1[n] * s[n] = \sum_k h_1[n-k]s[k] \tag{3.10}$$

$$d_1[n] = g_1[n] * s[n] = \sum_k g_1[n-k]s[k] \tag{3.11}$$

因为没有进行下采样，所以 $a_1[n]$ 和 $d_1[n]$ 的长度都是 N，而不同于离散小波变换中的长度 $N/2$。在静态小波变换的下一个分解层次，$a_1[n]$ 分解成如同前述的两部分，$h_2[n]$ 和 $g_2[n]$ 分别为 $h_1[n]$ 和 $g_1[n]$ 通过上采样得到。分解过程如此递归进行，如图 3-2 所示。

$$a_{j+1}[n] = h_{j+1}[n] * a_j[n] = \sum_k h_{j+1}[n-k]a_j[n] \tag{3.12}$$

$$d_{j+1}[n] = g_{j+1}[n] * a_j[n] = \sum_k g_{j+1}[n-k]a_j[n] \tag{3.13}$$

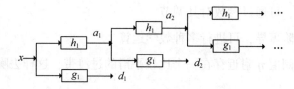

图 3-2　平稳小波分解步骤

2. 基于峭度的阈值选取方法

虽然 Donoho 在理论上证明并找到了最优的通用阈值，但在实际的应用中效果并不十分理想。为更好地提取滚动轴承故障信息，针对以上问题，本书提出了新阈值。新阈值为冲击型的故障信号而提出，考虑到了信号和噪声的小波系数在不同尺度上的特性，对分析机械类振动信号更有针对性，去噪效果更有效。

$$\eta = \frac{\sigma\sqrt{2\log(N)}}{[\log(j+2)(\text{Kurtosis}(j)/3)]} \tag{3.14}$$

式中，N 表示待分析细节层的小波系数长度，σ 为信号中的噪声标准差，$\hat{\sigma}$ 表示 σ 的估计值。可以用小波系数估计噪声方差，即

$$\hat{\sigma} = \text{median}(|W_{j,k}|)/0.6745 \tag{3.15}$$

从阈值 η 公式来看，η 随着 j 的增大而减小，也随峭度的增大而减小。VisuShrink 阈值[46]方法中给出的阈值 $\eta = \sigma\sqrt{2\log(N)}$，它在不同尺度 j 上是固定的，在本书改进算法中的分母部分 $\log(j+2)$ 使得阈值随着 j 的增大而减小。

分母中 Kurtosis $(j)/3$ 主要起到根据峭度[47]调节阈值的作用。

Kurtosis $(j) = 3.0$ 时，信号属于高斯信号，表明该尺度上有效信号与噪声混杂，不易区分开来。

Kurtosis（j）<3.0 时，信号属于亚高斯信号，表明该尺度上有效信号不占主要成分，为了剔除噪声信号，阈值应增大。

Kurtosis（j）>3.0 时，信号属于超高斯信号。超高斯正是机械故障冲击信号的特性，表明该尺度上有效信号占主要成分。直观来看，为了保留冲击信号，阈值应随峭度的增大而减小。

3. 新的阈值函数

常用的阈值函数都有不足之处，如软阈值函数导致重构后的信号与原信号存在偏差，硬阈值函数整体不连续。针对以上问题，参考以下设计规则，本书提出了新阈值函数[48]。

（1）阈值函数无间断点，从而可避免去噪后信号产生振荡。

（2）函数较简单，可通过参数对其调节。

（3）阈值函数高阶可导，可进行多种数学运算。

（4）阈值函数在阈值 η 附近存在一个比较平滑的过渡带，这样去噪后信号间更加接近原自然信号的特点。

（5）阈值函数以直线 $y=x$ 为渐近线且逼近程度要好，不会像软阈值那样信号重构后存在恒定偏差。

根据以上设计原则，本书提出了一种新的参数可调阈值函数，该函数综合了软、硬阈值函数的优点，其表达式为

$$\hat{W}_{j,k}=T_s(W_{j,k},\ \eta)=\begin{cases} \mathrm{sgn}(W_{j,k})\left(|W_{j,k}|-\dfrac{1}{(|W_{j,k}|-t)^N+1}t\right), & |W_{j,k}|\geqslant\eta \\ 0, & |W_{j,k}|<\eta \end{cases}$$

$$(3.16)$$

如图 3-3 所示，$\dfrac{1}{(|W_{j,k}|-\eta)^N+1}\eta$ 保证了 $W_{j,k}$ 接近 η 时，$\hat{W}_{j,k}$ 的整体连续性得到了保证，从而避免了信号产生振荡。而且当 $|W_{j,k}|\geqslant\eta$ 时，$W_{j,k}$ 与 $\hat{W}_{j,k}$ 的偏差越来越小，使重构信号与真实信号的逼近程度提高。在软阈值算法中，$W_{j,k}$ 与 $\hat{W}_{j,k}$ 之间有恒定偏差 t，$\dfrac{1}{(|W_{j,k}|-t)^N+1}\eta$ 使得 $\hat{W}_{j,k}$ 介于 $|W_{j,k}|$ 与 $|W_{j,k}|-\eta$ 之间，从而获得更好的去噪效果。

本书提出的阈值函数较简单，且可通过参数 N 方便调节。针对机械类含冲击振动信号，去噪后信噪比随 N 变换情况如图 3-4 所示，$N>4$ 以后信噪比变化不大，所以选取 $N=4$。

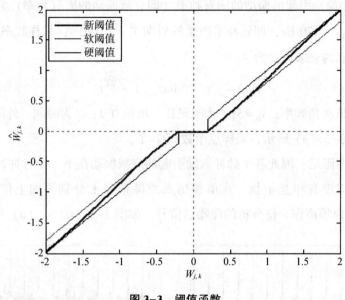

图 3-3　阈值函数

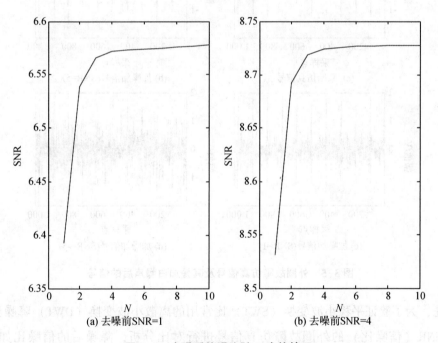

(a) 去噪前SNR=1　　　　　　　　　　(b) 去噪前SNR=4

图 3-4　去噪后信噪比随 N 变换情况

3.2.3　实验验证

1. 仿真实验

根据轴承外圈单个损伤点情况的理论模型，仿真外圈单点损伤故障振动信号。假设损伤点产生的脉冲串激励引起的振动的固有频率（即衰减振动的固有频率）为 $f_n = 3\,000$ Hz，故障特征频率 $B_{PFO} = 120$ Hz，即脉冲串产生的周期 $T_0 = 1/120$ s，采样频率 $f_s = 12\,000$ Hz。单个脉冲激励引起的衰减振动为

$$y(t) = y_0 \mathrm{e}^{-\xi \omega_n t} \sin \omega_n \sqrt{1 - \xi^2}\, t_i \tag{3.17}$$

式中，ω_n 为固有振动角频率；$y_0 = 5$；ξ 为阻尼比，取值 0.1；t_i 为时间。外圈故障引起的纯振动信号，如图 3-5（a）所示，采样点个数 1 024 个。

由于系统存在阻尼，因此各个脉冲激励引起的衰减振动在下一个脉冲冲击到来之前已经衰减到零，所以没有相互干扰。在单纯仿真故障信号上分别再加上信噪比（单位为 dB）不同的高斯白噪声作为待分析的降噪前信号，如图 3-5（b）～（d）所示。

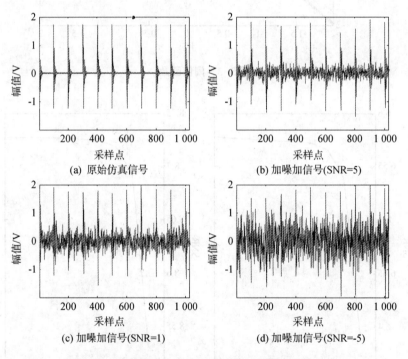

图 3-5　外圈故障仿真信号及其叠加白噪声后的信号

首先，为了验证平稳小波变换（SWT）比常用的离散小波变换（DWT）降噪更有效，对三种 SNR（信噪比）的外圈故障仿真信号进行对比分析，降噪后的信噪比如表 3-1 所示。

两种小波变换的分解层数都为 4 层，小波基选用"sym4"，采用前文所述的 4 种阈值处理方法，分别是自适应阈值（Rigrsure）、通用阈值（VisuShrink）、启发式阈值（Heursure）、极大极小阈值（Minimaxi）。

从表 3-1 可以看出，在三种信噪比（单位为 dB）情况下，平稳小波变换比离散小波

变换去噪效果更好一些。同时，Rigrsure 阈值法相对于其他阈值方法更有效。

表 3-1　平稳小波变换与离散小波变换降噪结果

		自适应阈值	启发式阈值	通用阈值	极大极小阈值
SNR = -5 dB	SWT	1.398	-0.158 62	-0.287 63	0.914 68
	DWT	1.364 9	-0.527 96	-0.604 05	0.216 92
SNR = 1 dB	SWT	5.698 3	3.950 3	1.720 7	3.804 9
	DWT	5.111 8	4.509 2	1.406 8	3.332 6
SNR = 5 dB	SWT	8.949 5	6.667 6	3.771 3	6.289 7
	DWT	7.799 5	5.799 3	3.236 6	5.318

为了说明本书提出的新阈值和新阈值函数的有效性，对三种信噪比下的外圈故障仿真信号进行对比分析，降噪后的信噪比如表 3-2 所示。所有情况下小波变换的分解层数都为 4 层，小波基选用“sym4”。从表中可以看出，单纯应用新阈值或新阈值函数都比普通平稳小波变换有效，本书联合运用新阈值和新阈值函数得到的信噪比最高。

表 3-2　不同方法降噪结果

	本书方法	新阈值	新阈值函数	普通平稳小波
SNR = -5 dB	1.425 7	0.950 16	0.913 8	0.697 06
SNR = 1 dB	6.467	6.082	6.326 5	5.893
SNR = 5 dB	9.533 4	9.141 7	9.388 1	8.686 6

从图 3-6 所示的各种去噪结果看出，图 3-6（d）中采用 DWT 降噪后的信号已经扭曲，完全失去了采样点 200 处的冲击脉冲，因为对于这类含强噪声的冲击信号，传统的小波去噪方法很难达到令人满意的效果。图 3-6（c）中 SWT 去噪后的信号在采样点 200 处已经严重失真，故障引起的冲击信号不明显。而图 3-6（b）中采用本书的滤波消噪方法，可以达到满意的消噪效果。

2. 实验验证

本实验数据来源于 Case Western Reserve University（美国凯斯西储大学）轴承数据中心[49]，采样频率为 12 000 Hz，选取 4 096 个采样数据进行分析。实验滚动轴承的型号为 6205-2RS 型深沟球轴承，轴承的内径为 0.984 3 in（25 mm），外径为 2.047 2 in（52 mm），厚度为 0.590 6 in（15mm），节径为 1.537 in（39 mm），滚动体直径为 0.312 6 in（7.938 mm），滚动体数目为 9 个，接触角为 0°。在滚动轴承内外圈用电火花加工宽、深不同的小槽模拟轴承内外圈裂纹故障，经计算得知，外圈故障频率约为 105 Hz，内圈故障频率约为 160 Hz。

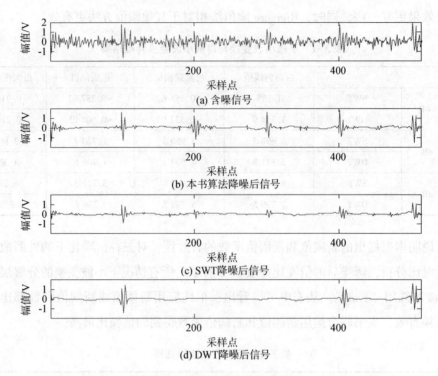

(a) 含噪信号

(b) 本书算法降噪后信号

(c) SWT降噪后信号

(d) DWT降噪后信号

图 3-6　利用不同方法降噪结果

故障特征频率的计算公式分别为

$$B_{SF} = \frac{D_c}{2D_b}F_s\left(1 - \frac{D_b^2\cos^2\theta}{D_c^2}\right) \qquad (3.18)$$

$$B_{PFI} = \frac{N_B}{2}F_s\left(1 + \frac{D_b\cos\theta}{D_c}\right) \qquad (3.19)$$

$$B_{PFO} = \frac{N_B}{2}F_s\left(1 - \frac{D_b\cos\theta}{D_c}\right) \qquad (3.20)$$

式中，B_{SF}，B_{PFI}，B_{PFO} 分别代表滚动体故障频率、内圈故障频率、外圈故障频率；N_B 为滚动体的数目；D_b 为球直径；D_c 为节圆直径；θ 为接触角。

从图 3-7（a）可以看出，故障信号非常微弱，已经基本上被噪声所淹没，时域图无法区分故障的存在和故障模式，采用直接进行包络分析，诊断效果不是很好。图 3-7（c）为采用 DWT 降噪后的信号，直观上看已经扭曲，丢失了很多故障引起的冲击信息。而图 3-7（b）中采用本书的滤波消噪方法，可以达到满意的消噪效果。

对图 3-7（b）和 3-7（c）分别进行包络分析，如图 3-8（a）和 3-8（c）所示。从图 3-8（c）无法得到故障信息，而在图 3-8（a）中清楚显示 160 Hz 和 320 Hz 处存在峰值，正好对应 1 倍和 2 倍的内圈故障特征频率，也就意味着内圈存在缺陷。

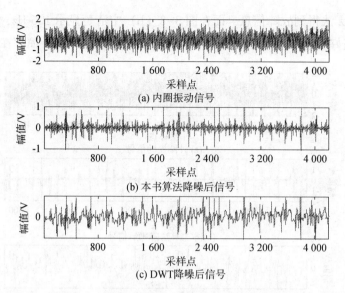

图 3-7　内圈故障振动信号及其不同的去噪结果

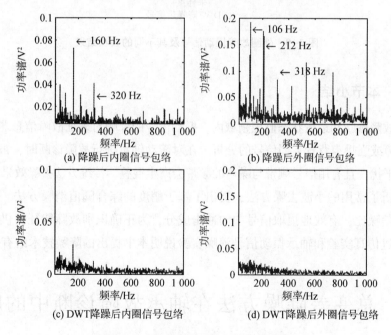

图 3-8　去噪后信号的包络分析结果

　　同上，对外圈故障信号进行分析。从图 3-9（a）可以看出，外圈故障信号非常微弱，已经基本上被噪声所淹没，时域图无法区分故障的存在和故障模式，采用直接进行包络分析的方法，诊断效果不是很好。图 3-9（c）为采用 DWT 降噪后的信号，从直观上看已经扭曲，冲击信息丢失。而图 3-9（b）中采用本书的滤波消噪方法，可以达到相对较好的消噪效果。

　　对图 3-9（b）和 3-9（c）分别进行包络分析，如图 3-8（b）和 3-8（d）所示。从

图 3-8 （d）中无法得到故障信息，而在图 3-8（b）中清楚显示 106 Hz，212 Hz，318 Hz 处存在峰值，正好对应 1~3 倍的外圈故障特征频率，也就意味着外圈存在缺陷。

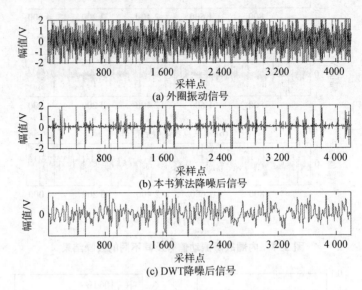

图 3-9　外圈故障振动信号及其不同的去噪结果

3.2.4　本节小结

在机械故障诊断和运行状态监控领域内，振动信号的降噪对表征故障信息非常重要，特别是早期故障或强噪声背景下弱信号的分析。在对滚动轴承进行故障诊断时，被测信号往往会受到噪声干扰，且有用信号频带与噪声的频带会产生混叠，传统方法去噪效果不理想。

本节分析了常用的小波去噪方法，提出了基于峭度的综合阈值消噪方法。该方法可以很好地提高信噪比，有效地提取信号中的冲击成分，为正确识别故障特征提供了有力的保证。最后通过仿真实验和轴承振动信号消噪实验说明本书提出的降噪技术的有效性。

3.3　总变差降噪方法在轴承故障诊断中的应用

振动信号中包含的噪声不仅降低了信号的质量，而且还严重影响着各种相关处理算法的有效性。能否有效地降低噪声、提高信噪比，是后续振动信号处理的关键。

最传统的降噪方法是根据实际信号频谱分布的特点，采用滤波器进行降噪。但是这种基于傅里叶变换的方法存在保护信号边缘和抑制噪声之间的矛盾。小波变换具有良好的时频局部化特性，可以克服这个矛盾。很多学者采用小波变换的方法进行信号降噪，但这种方法存在选择小波基和确定阈值等问题[6,50-53]。经验模式分解（Empirical Mode Decomposition，EMD）也是一种新的非平稳信号处理方法，有些学者将其应用到信号降噪中。当然该方法也存在一些不足，如模式混叠、端点效应、停止条件等[54]。

TV（Total Variation）概念首先由 Rudin[55] 等人在 1992 年提出，由于对图像具有能够在抑制噪声的同时保持较好的图像边缘的优点，因此在图像处理中得到了广泛应用[56]。

目前一些学者[57-59]将总变差法应用在一维信号处理中，在振动信号降噪领域内应用该方法的研究还很少。变差法对噪声比较敏感，能保留一定的边缘信息。基于此，本书探索将该方法用于振动信号的降噪。

3.3.1　总变差降噪原理

假设 N 点信号表示如下：

$$\boldsymbol{x} = [x_0, \ x_1, \ x_2, \ \cdots, \ x_{N-1}] \tag{3.21}$$

矩阵 [$(N-1) \times N$] 的一阶微分定义为

$$\boldsymbol{D}_1 = \begin{bmatrix} -1 & 1 & & \\ & -1 & 1 & \\ & & \cdots & \cdots \\ & & & -1 & 1 \end{bmatrix} \tag{3.22}$$

矩阵 [$(N-2) \times N$] 的二阶微分定义为

$$\boldsymbol{D}_2 = \begin{bmatrix} -1 & 2 & -1 & & \\ & -1 & 2 & -1 & \\ & & \cdots & \cdots & \cdots \\ & & & -1 & 2 & -1 \end{bmatrix} \tag{3.23}$$

l_p 范数（ $p \geqslant 1$ ）的表达式为

$$\| x \|_p = (\| x_1 \|^p + \| x_2 \|^p + \cdots + \| x_N \|^p)^{\frac{1}{p}} \tag{3.24}$$

特殊情况下，当 $p=1$ 时，式（3.24）变为

$$\| x \|_1 = (|x_1| + |x_2| + \cdots + |x_N|) \tag{3.25}$$

当 $p=2$ 时，式（3.24）变为

$$\| x \|_2 = \sqrt{|x_1|^2 + |x_2|^2 + \cdots + |x_N|^2} \tag{3.26}$$

$$\text{TV}(x) = \| \boldsymbol{D}_1 x \|_1 = \sum_{n=1}^{N-1} |x(n) - x(n-1)| \tag{3.27}$$

假设含有噪声信号 $y(n)$ 如下：

$$y(n) = x(n) + z(n), \ n = 0, \ 1, \ 2, \ \cdots, \ N-1 \tag{3.28}$$

式中，$z(n)$ 为白高斯噪声；$x(n)$ 为信号。总变差降噪可以归结为以下优化问题：

$$\underset{x}{\arg\min} \parallel y - x \parallel_2^2 + \lambda \parallel \boldsymbol{D}_1 x \parallel_1 \tag{3.29}$$

式中，λ 为控制信号的平滑程度，增大 λ 使得第二项 $\parallel \boldsymbol{D}_1 x \parallel_1$ 权重变大，第二项反映了信号的变化程度。

式（3.29）可表达为

$$\underset{x}{\arg\min} \parallel \boldsymbol{D}_1 x \parallel_1$$
$$\text{subjeted to：} \parallel y - x \parallel_2 \leqslant r \tag{3.30}$$

3.3.2　参数选择

从式（3.29）看出，通过优化实现降噪共涉及两个分量，前者是逼真度约束，后者为总变差项。λ 用来调整权重。若 λ 为 0，则总变差项完全没有起到惩罚作用，求得的信号 x 等于原信号 y。反之，若 λ 趋向无穷，则完全由总变差惩罚项起主导作用，求得的信号 x 会尽可能地满足总变差项很小，但逼真度就会很差，可能偏离原先信号很远，甚至无法体现原信号 x 的基本结构，也就没法取得消除噪声的效果。所以 λ 参数选择对降噪结果影响非常大，但是却没有很好的参数选择方法。

如图 3-10 所示，参数设置对降噪后信号的信噪比（SNR）影响非常大。λ 过大会造成过分降噪，降噪后信号峭度过大，信号细节被删掉。λ 过小，会造成降噪不足。如何评价降噪效果，在信号逼真度约束和降噪方面达到平衡，进而指导参数 λ 选择是一个难题。

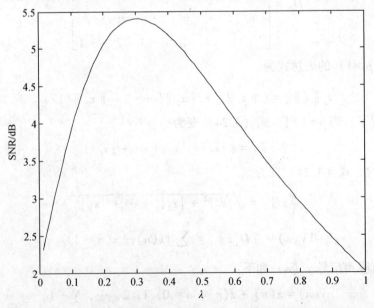

图 3-10　降噪后信噪比随 λ 变化情况

为了解决参数 λ 选择的难题，本书提出基于峭度指标 K_ index 和互相关系数 C_ index 的加权峭度[9]指标 KC_ index 作为降噪综合结果的衡量指标。峭度、互相关系数和加权峭度表达式分别为

$$K\_ \text{ index} = \frac{\frac{1}{n}\sum_{i=1}^{N}(xi - \bar{x})^4}{\left(\frac{1}{n}\sum_{i=1}^{N}(xi - \bar{x})^2\right)^2} \tag{3.31}$$

$$C\_ \text{ index} = \frac{\text{cov}(x, y)}{\sigma_x \sigma_y} = \frac{E((x - \bar{x})(y - \bar{y}))}{\sigma_x \sigma_y} \tag{3.32}$$

$$KC\_ \text{ index} = K\_ \text{ index} \times |C\_ \text{ index}|^r \tag{3.33}$$

式中，r 为可调正实数，用于在信号逼真度约束和降噪方面寻求平衡。r 取高值会增大信号逼真度约束，从而保证信号与输入信号的相似性，可以避免过分降噪后信号峭度过大且不光滑。本书中 r 取 1.5。

对于机械振动信号而言，尤其是用于故障检测而采集的带有冲击性振动信号，降噪后信号的峭度会增大。如果单纯用最大化 K_ index 作为衡量降噪的指标，可能会过分降噪而造成只有尖峰没有其他信号成分的现象发生。C_ index 部分保证降噪前后的信号有一定的相似性，以平衡过分追求峭度最大化。

本书提出的参数选择方法，既保证降噪后信号峭度尽可能大，同时又要考虑降噪前后信号的相似性，从而在信号逼真度约束和降噪方面达到平衡。具体方法如下：首先预估计信号中噪声的标准差（σ），然后在 $0.1\sigma \sim 10\sigma$ 的范围内，搜寻使得 C_ index 最大的值，作为 λ。这样选择的 λ，可以在信号逼真度约束和降噪方面达到相对平衡。

3.3.3 仿真信号验证

为验证该降噪方法的有效性，构造一个仿真信号对其进行验证。仿真信号采用周期性的冲击信号与高斯白噪声的叠加，采样频率为12 000 Hz，数据点数为2 048个。其中单个脉冲激励引起的衰减振动为

$$y(t) = y_0 e^{-\xi \omega_n t} \sin \omega_n \sqrt{1 - \xi^2}\, t \tag{3.34}$$

式中，ω_n 为固有振动角频率；$y_0 = 5$；$\xi = 0.1$。此式模拟的是轴承外圈单个损伤点故障情况下的振动信号。如图 3-11（a）所示，采样点个数1 024个。在纯仿真故障信号上分别再加上不同方差的高斯白噪声作为待分析的降噪前信号，如图 3-11（b）～（d）所示。

为了测试加权峭度指标法对选择 λ 参数的有效性，在不同信方差的噪声情况下，降噪性能如图 3-12 所示。虚线为降噪前信噪比，粗点划线为总变差降噪方法所能达到的最佳信噪比，细实线为 λ 参数选择法降噪后的信噪比。从图中可以看出，加权峭度指标法对选

择 λ 参数是有效的，能达到较理想的降噪效果。

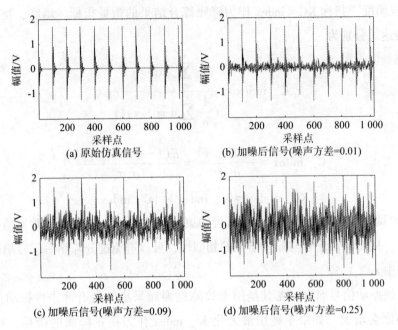

(a) 原始仿真信号　　　　　　　　(b) 加噪后信号(噪声方差=0.01)

(c) 加噪后信号(噪声方差=0.09)　　　(d) 加噪后信号(噪声方差=0.25)

图 3-11　仿真信号及其加入噪声后的信号

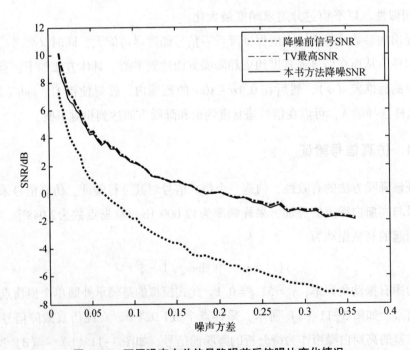

图 3-12　不同噪声方差信号降噪前后信噪比变化情况

在仿真故障产生的冲击信号基础上，再加上不同方差（0.01~0.25）的高斯白噪声作为待分析的降噪前信号，通过本书总变差降噪方法和常用的小波阈值降噪（启发式阈值、固定阈值）方法，得到降噪后信噪比信息如表 3-3 所示。从表 3-3 中可以看出，本书提出的总变差降噪方法略优于小波阈值降噪方法。噪声方差为 0.04 时，经过不同方法得到降噪后信号如图 3-13 所示。

表 3-3　不同方法降噪后的信噪比　　　　　　单位：dB

噪声方差	降噪前信噪比	不同方法降噪后信噪比		
		本文方法	启发式阈值	固定阈值
0.01	8.083 4	10.740 8	9.593 0	4.050 0
0.04	2.103 0	5.537 9	5.123 4	2.089 9
0.09	−1.365 0	2.481 3	3.871 9	0.845 7
0.16	−4.050 4	0.445 8	−0.005 4	−0.142 0
0.25	−5.972 8	−0.062 5	−0.472 5	−0.540 1

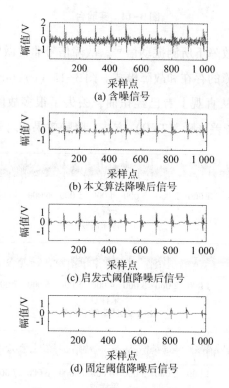

(a) 含噪信号

(b) 本文算法降噪后信号

(c) 启发式阈值降噪后信号

(d) 固定阈值降噪后信号

图 3-13　不同方法降噪结果对比

3.3.4　实测信号验证

本实验数据来源于电机实验台（见图 3-14）采集的振动信号。传感器采用 IMI（Industrial Monitoring Instrumentation）公司的加速度传感器（型号：603C01），灵敏度为

100 mV/g，采样频率为10 000 Hz，选取8 192个采样数据进行分析。电机中滚动轴承的型号为 NSK 6203型深沟球轴承，轴承的内径为 17 mm，外径为 40 mm，厚度为 12 mm，节径为 29 mm，滚动体直径为 6.7 mm，滚动体数目为 8 个，接触角为 0°。在滚动轴承内、外圈用电火花加工出小槽模拟轴承外圈裂纹故障。轴承转频 30 Hz，经计算外圈故障频率约为 91 Hz。

图 3-14　实验台

　　图 3-15（a）为外圈故障下所测振动信号，故障信号非常微弱，已经基本上被噪声所淹没，时域图无法区分故障的存在和故障模式。图 3-15（c）（d）分别为启发式、固定式小波阈值降噪后的信号，从直观上看已经扭曲，丢失了很多故障引起的冲击信息。而图 3-15（b）中采用本书总变差降噪（TVD）方法，降噪效果相对较好。

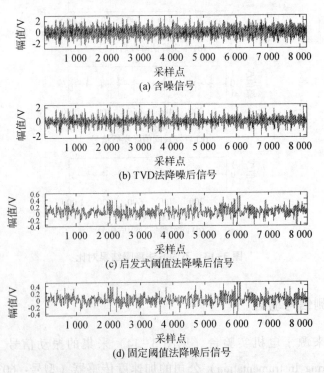

图 3-15　外圈故障振动信号去噪结果对比

对图 3-15（b）~（d）分别进行平方包络分析，如图 3-16（a）~（c）所示。从小波阈值降噪后的信号包络图（见图 3-16（b）（c））无法得到故障信息。图 3-16（a）为采用总变差降噪（TVD）后信号的包络频谱，从图中可清楚地显示 91 Hz 和 182 Hz 处存在峰值，正好对应 1 倍和 2 倍的电机轴承外圈故障特征频率，也就意味着外圈存在缺陷。

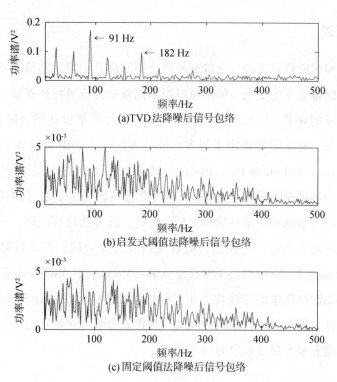

(a)TVD法降噪后信号包络

(b)启发式阈值法降噪后信号包络

(c)固定阈值法降噪后信号包络

图 3-16　去噪后外圈信号的包络分析结果对比

3.3.5　结论

对机械故障诊断和运行状态监控而言，振动信号的降噪对表征故障信息非常重要，特别是早期故障或强噪声背景下弱信号的分析。

本书把图像处理中的总变差降噪方法引入振动信号处理。提出了基于峭度和互相关系数的 λ 选择方法，该方法可以很好地提高信噪比，为正确识别故障特征提供了有力的保证。

通过仿真实验和轴承振动信号降噪实验说明本书提出的总变差降噪方法略优于小波阈值降噪方法。

总变差方法在图像处理中的应用非常广泛、成功，但是其在一维信号下的研究刚刚开始。如何选择 λ 参数，怎样利用高阶微分信息优化降噪算法都是需要进一步研究的内容。

3.4　VMD 分解理论及其在轴承信号中的应用

3.4.1　概述

滚动轴承故障诊断可分为特征提取和故障分类两部分，滚动轴承在发生故障时振动信号不同频带上的能量会发生变化，如果可以把不同频带的信号特征提取出来，从中筛选出代表滚动轴承故障的频带，将其和理论故障频率相对比就能够达到故障诊断识别的目的。关于故障特征提取，专家学者提出了很多有效的方法，比如由美国 N. E. Huang 等提出的经验模式分解（Empirical Mode Decomposition，EMD），此方法可以自适应地将滚动轴承故障信号分解成多个本征模态函数[60]，每个本征模态函数突出了信号的局部特征，对其进行频谱分析就可以有效地确定轴承故障类型。但是，此方法也有缺陷，一方面是缺乏理论依据，另一方面是此方法会产生模态混叠现象以及边缘效应。近来针对经验模式分解方法，由 Dragomiretskiy 和 Zosso 提出了变模态分解（Variational Mode Decomposition，VMD），此方法是针对模态混叠现象的非线性、非平稳信号处理的方法，此方法是基于维纳滤波、希尔伯特变换、外差解调等一些成熟的概念，变模态分解方法的优点就是克服了经验模式分解缺少理论依据和模态混叠现象等缺点[61]。

3.4.2　变模态分解的理论基础

作为一种信号自适应处理方法，变模态分解的核心就是变分问题，使得每个模态的估计带宽之和最小，相对于 EMD 分解方法，变模态分解将分量进行了再次定义，把每个分量看成是简单的调幅调频信号 U_k。

$$U_k(t) = A_k(t)\cos(\phi_k(t))\tag{3.35}$$

式中，$\phi_k(t) \geq 0$ 即 $\phi_k(t)$ 为非递减函数，从理论上来看 $A_k(t)$ 的变化速度远远比 $\phi_k(t)$ 要慢，所以在时间一定的情况下，模式分量 $U_k(t)$ 就可以看作是一个幅值为 $A_k(t)$、瞬时频率为 $\phi_k(t)$ 的纯谐波信号。

维纳滤波：假设信号 $f_0(t)$ 是原始信号 $f(t)$ 和均值为零的高斯白噪声组成的，其公式可以表示为：$f_0(t) = f(t) + \eta$，如若想除去噪声提取原始信号，这种问题就是求逆的过程，最为典型的方法就是通过正则化去解决问题：

$$\min_f\{\|f-f_0\|_2^2 + \gamma\|\partial_t f\|_2^2\}\tag{3.36}$$

而后运用欧拉–拉格朗日方程求解，得傅里叶域是：$\hat{f}(\omega) = \dfrac{\hat{f_0}}{1 + \gamma\omega^2}$，在式中 $\hat{f}(\omega)$ 为

信号 $f(t)$ 的傅里叶变换，最后可以恢复的信号 f 是输入信号 f_0 在 $\omega = 0$ 周边的低通窄带部分，此结果与 Wiener 滤波器的反卷积所对应，而其间的 γ 则代表白噪声的方差。

希尔伯特变换则是一种经典的求取瞬时频率的方法，对于原始信号 $f(t)$，希尔伯特变换构成的表达式为

$$H[f(t)] = \frac{1}{\pi}\mathrm{PV}\int_{-\infty}^{\infty}\frac{f(\tau)}{t - \tau} \tag{3.37}$$

式中的 PV 即为柯西主值，而希尔伯特变换的作用就是把一个实信号构建成为一个解析信号，具体的定义公式如下：

$$f_A(t) = f(t) + \mathrm{j}H[f(t)] = A(t)\,\mathrm{e}^{\mathrm{j}\varphi(t)} \tag{3.38}$$

对于式（3.38）来说，解析信号中的负指数项 $\mathrm{e}^{\mathrm{j}\varphi(t)}$ 是复数信号在时域旋转的向量描述，幅值的值则由 $A(t)$ 决定，当幅值和瞬时频率发生变化时，此方法就显得尤为重要，

可以将瞬时频率定义成 $\omega(t) = \dfrac{\mathrm{d}\varphi(t)}{\mathrm{d}t}$。其次，解析信号的单边频谱仅仅由非负频率组成，

在求解的过程中，通过以上方法得到的解析信号就很容易地被利用到原始信号的恢复中。

从以上的理论基础部分可以看出，变模态分解方法就是对给定信号 $f(t)$，通过计算最终把它分解为 K 个信号的子信号分量 U_k，而这些分量能够完全地再现输入且保证了稀疏性。若每个模式 K 都有紧密的脉冲 ω_k 为中心，故应当对模式分量进行希尔伯特变换求取一个单边频谱，把模式的频谱转移到基带，然后通过解调信号的高斯平滑来估计带宽，也就是梯度的 L^2 范数平方，这样就有了约束变分为

$$\min_{u_k,\,\omega_k}\left\{\sum_k \left\| \partial_t\left[\left(\delta(t) + \frac{\mathrm{j}}{\pi t}\right) * u_k(t)\right]\mathrm{e}^{-\mathrm{j}\omega_k t}\right\|\right\}$$
$$\text{s.t}\quad \sum_k u_k = f \tag{3.39}$$

式中，$\{u_k\} = \{u_1, \cdots, u_k\}$ 为模式分量的集合，$\{\omega_k\} = \{\omega_1, \cdots, \omega_k\}$ 为中心频率集合，

$\sum_k = \sum_{k-1}^{K}$ 是所有模式分量的和。通过运用二次罚项与拉格朗日乘子将问题约束，如果有加性高斯噪声，则二次罚项就是确保重构函数的保真度最有效的方法，罚项的权值取决于先验贝叶斯和噪声为反比的关系。然而，若想完全将噪声剔除，就必须要使其权重趋于无限大。而拉格朗日乘子在解决约束问题上有着自己的优势，无论是方程在有限罚权值的良好收敛性，还是拉格朗日乘子严格执行约束，把以上两种方法结合就会有很大的优势。拉格朗日增广式为

$$L(\{u_k\}\{\omega_k\},\ \lambda) = \gamma \sum_k \left\| \partial_t \left[\left(\delta(t) + \frac{j}{\pi t} \right) * u_k(t) \right] e^{-j\omega_k t} \right\|_2^2 \qquad (3.40)$$

由式（3.40）可以看出来，求最小化的问题可以转变成寻找迭代子优化序列中增广拉格朗日的鞍点，也称为交替方向乘子法。具体的流程如下：

（1）初始化 $\{u_k^1\}$，$\{\omega_k^1\}$，λ'，$n \leftarrow 0$。使 $n \leftarrow n + 1$，对 $k = 1 : K$，更新 u_k，即

$$\hat{u}_k^{n+1}(\omega) = \frac{f(\omega) - \sum_{i \neq k} u(\omega) + \frac{\hat{\lambda}(\omega)}{2}}{1 + 2\gamma (\omega - \omega_k)^2} \qquad (3.41)$$

（2）对所有的 $\omega \geqslant 0$，更新 $\hat{u}_k$，公式为

$$\hat{u}_k^{n+1}(\omega) \leftarrow \frac{\hat{f}(\omega) - \sum_{i<k} \hat{u}_i^{n+1}(\omega) - \sum_{i>k} \hat{u}_i^n(\omega) + \frac{\hat{\lambda}^n(\omega)}{2}}{1 + 2\gamma (\omega - \omega_k^n)^2}, \quad k \in \{1,\ K\} \qquad (3.42)$$

（3）更新 ω_k，有

$$\hat{\lambda}^{n+1}(\omega) \leftarrow \hat{\lambda}^n(\omega) + \tau \left(\hat{f}(\omega) - \sum_k \hat{u}_k^{n+1}(\omega) \right) \qquad (3.43)$$

（4）将（2）~（3）进行重复的运行，直到满足下式的迭代条件为止：

$$\sum_k \left\| \hat{u}_k^{n+1} - \hat{u}_k^n \right\|_2^2 / \left\| \hat{u}_k^n \right\|_2^2 < \varepsilon \qquad (3.44)$$

在上面的迭代过程中，拉格朗日乘子具有约束的作用，这里罚方程的引用则是改善函数的收敛情况。从本质上来讲，二次罚项用来表示自身最小二乘数据保真度时首先是和加性高斯噪声相关，所以，在应用中我们可以用来处理其最简便的方法就是把更新参数设置成零。

3.4.3　仿真信号对比分析

根据轴承外圈单点损伤的理论模型，外圈故障振动信号模型 $x(t)$ 为

$$\left. \begin{array}{l} x(t) = \sum_i A_i s(t - iT - \tau_i) \\ A_i = A_1 \cos(2\pi F_M t) + A_2 \\ s(t) = e^{-\beta t} \sin(2\pi F_{n1} t + 2\pi F_{n2} t) \end{array} \right\} \qquad (3.45)$$

式中，$s(t)$ 是指数衰减的正弦冲击信号，冲击间隔时间为 T；A_i 是调幅系数信号，频率为 F_M；τ_i 用于模拟随机滑动；A_2 为常数；β 为阻尼系数，F_{n1} 和 F_{n2} 为系统的两个共振频率。本书中的仿真信号的参数如下：阻尼系数 $\beta = 0.04$，故障频率为 120 Hz。采样频率为 20 000 Hz，系统的两个共振频率为 3 000 Hz 和 4 500 Hz，轴转频为 50 Hz。图 3-17 即为信

号的时域和频域的图谱。

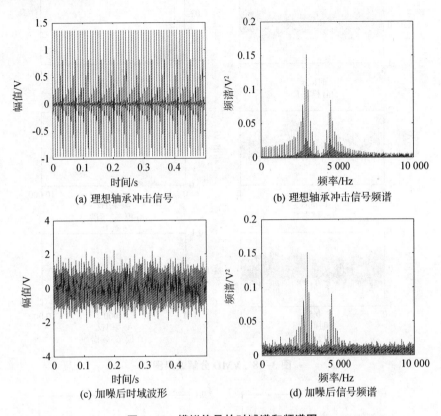

(a) 理想轴承冲击信号　　　　　　(b) 理想轴承冲击信号频谱

(c) 加噪后时域波形　　　　　　　(d) 加噪后信号频谱

图 3-17　模拟信号的时域谱和频谱图

图 3-17 (a) 为模拟单点故障的理想轴承冲击信号, 时间 0.5 s, 图 3-17 (b) 为该冲击信号的频谱。图 3-17 (c) 为加入正态分布的噪声 (SNR = -6 dB) 后的信号。图 3-17 (d) 为加入噪声后的频谱, 从中仍可以看出 4 000 Hz 和 6 000 Hz 的共振带, 但是其他部分的频谱已经被噪声淹没。

图 3-18 为经过变分模态分解得到的 3 个模态及其频谱。从图 3-18 (d) (f) 的频谱可以准确看出 3 000 Hz 和 4 500 Hz 的共振峰, 也就是说变分模态分解准确地将 3 000 Hz 和 4 500 Hz 两个共振频率提取并成功分离开, 没有模态混叠, 充分说明了变分模态分解法确定共振频带的有效性。

图 3-19 为 EMD 分解得到的 3 个 IMF 及其频谱图。从图 3-19 (b) 的频谱可以看出, 3 000 Hz 和 4 500 Hz 的共振峰都在一个 IMF1 中, 没有成功分离开, 也就是说存在模态混叠。从这个角度出发, 说明了变分模态分解比经验模态分解 (EMD) 具有优越性。

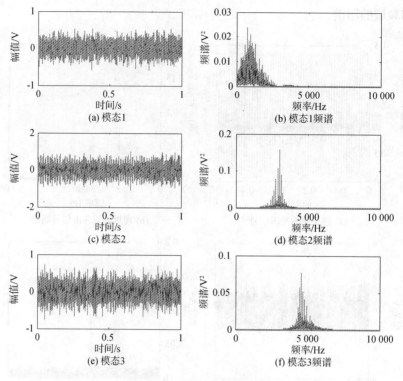

图 3-18　VMD 分解效果图

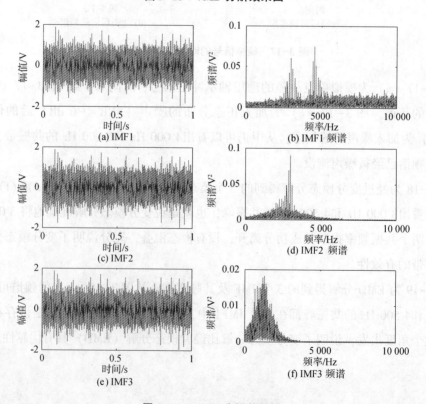

图 3-19　EMD 分解效果图

由图 3-18 和图 3-19 的分解结果及对分解结果的分析可知，VMD 分解方法能够很好地将两个共振频率提取并且分离开来，而经过 EMD 分解并没有将两个共振频带分开，换句话说就是 EMD 分解并没有避开模态混叠现象，从这一方面来讲的话，VMD 分解是优于 EMD 分解的。

3.4.4 基于网格搜索 VMD 分解参数优化

由以上的对比分析可知 VMD 分解方法在应对模态混叠方面是有很大的优势的，但是 VMD 方法也存在着其自己的缺陷，它不像 EMD 分解那样有很好的自适应性，在对信号进行 VMD 分解处理时，首先就要对分解的层数和惩罚因子进行设定，文献 [62] 在这一方面以局部极小熵值最小化作为目标，运用粒子群算法对两个参数进行了寻优，取得了很好的效果。本书针对以上两个参数的选择问题提出了网格搜索的方法来对其进行寻优。

1. 网格搜索

网格搜索（Grid Search）是将待搜索参数划分成一定空间范围的网格，通过逐步计算网格中所有点的目标函数来确定最优参数[2]。针对传统网格搜索法对搜索时间长的问题提出一种两步的网格搜索法，先以较大步长在参数空间内进行粗搜索，初步确定一个近似最优参数区间，然后在此小区间内进行精搜索，大幅度地减少了参数寻优时间，更好地满足在线状态监控的要求。

网格搜索具体步骤如下：

（1）首先要确定要进行网格搜索的参数，根据实际情况选择合适的搜索目标。

（2）初步的粗搜索：首先可以将要进行网格搜索的两个参数其中的一个取定值，而后对另一个的范围进行大范围的搜索，观察其变化的趋势，目的是在下一步当中可进一步缩小此参数的搜索范围。

（3）细搜索：根据（2）当中得出的参数变化的趋势，进一步缩小参数的取值范围，重复网格搜索的过程，并且得出不同分解层数所对应的包络稀疏性的值。

（4）将（3）当中得出的搜索结果用图标的形式表示出来，根据图标对数据进行对比分析，分析哪个参数更加接近目标函数，此参数的组合即是网格搜索的最优结果。

关于 VMD 分解参数网格搜索，其目标函数有很多的指标，如峭度指标对于故障冲击就比较敏感，但是其很容易受到噪声的干扰，在对信号的分解层数进行寻优时很易出错，而信号稀疏性对随机冲击具有一定鲁棒性[63]，在旋转机械状态监控中稀疏性是广泛应用的一个统计量，本书用包络稀疏性作为目标函数对 VMD 方法参数进行网格搜索。下式即为包络稀疏性的公式：

$$Sp(x) = \sqrt{\frac{1}{N}\sum_{n=1}^{N} x^2(n)} \Big/ \sqrt{\frac{1}{N}\sum_{n=1}^{N} |x(n)|} = \sqrt{N}\frac{\|x\|_2}{\|x\|_1} \qquad (3.46)$$

2. 参数优化实例

由上述对网格搜索方法的介绍，可以得出此方法对于 VMD 分解参数确立方面是可行的，本节就是运用网格搜索的方法，针对构造出来的仿真信号展开 VMD 参数网格搜索，从而确立出 VMD 分解的分解层数 K 和惩罚因子 ε，最后将 VMD 分解的最终结果和实际的信号特征进行对比，进一步验证网格搜索对 VMD 方法参数搜索的可行性构造仿真信号：

$$f(t) = 0.8\sin(20\pi t) + 0.6\sin(60\pi t) + 0.4\sin(240\pi t) + \delta \qquad (3.47)$$

式中，δ 为高斯噪声水平，将其值设定为 0.3，本信号的采样频率为 3 000 Hz，图 3-20 即是此仿真信号的时域频域图谱。

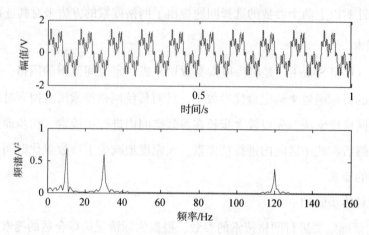

图 3-20　轴承时域及频域图谱

假设在不知道原信号的组成的前提下，如若运用 VMD 方法对构造信号进行分解，就要首先确立以上提到的两个参数，运用网格搜索方法具体步骤如下：

（1）根据上面所提到的包络稀疏性，将其确立为网格搜索的目标函数。

（2）初步的粗搜索：首先随意给分解层数 K 设定一个值（此处设为 3），给惩罚因子的范围定的稍微大一些，这里给其取值范围定为 10~10 000，将惩罚因子和目标函数的关系运用图表示出来，如图 3-21 所示。

（3）由图 3-21 当中的惩罚因子和目标函数之间的关系可以知道，惩罚因子 ε 取值的相应范围大小可以缩小到 10 到 100。

（4）细搜索：给 VMD 方法分解的搜索层数设为 2~5 层，结合（3）中确立的惩罚因子的取值范围，重复网格搜索的过程，并且得出不同包络稀疏性目标函数的值，所有的结果如表 3-4 所示。

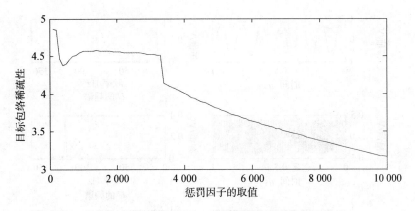

图 3-21　惩罚因子和目标函数之间的关系

表 3-4　包络稀疏性搜索结果

ε 取值	分量 2	分量 3	分量 4	分量 5
10	1. 112 037 17	3. 056 272 09	2. 934 417 3	2. 310 816 26
20	1. 112 049 72	3. 034 481 13	2. 768 413 2	1. 957 719 52
30	1. 112 058 47	3. 016 665 50	2. 365 140 10	1. 979 013 77
40	1. 112 064 81	3. 004 042 68	1. 957 433 37	1. 992 378 84
50	1. 112 076 80	2. 970 736 32	1. 972 509 96	1. 003 136 49
60	1. 112 087 21	2. 939 251 53	1. 983 613 05	1. 010 751 45
70	1. 112 096 31	2. 912 361 58	1. 993 035 59	1. 017 290 67
80	1. 112 096 45	2. 890 601 8	1. 000 364 25	1. 022 232 69
90	1. 112 111 36	2. 873 419 23	1. 006 536 65	1. 023 398 37
100	1. 112 117 54	2. 860 758 25	1. 011 861 67	1. 024 203 02

　　由表 3-4 中的值可以看出，包络稀疏性最终的最大值出现在了分解 3 层的 VMD 当中，由此可知若此信号用 VMD 分解的最优分解层数为 $K=3$，而惩罚因子的取值则是在 10 左右，就可以对信号运用 VMD 方法进行分解，图 3-22 即是分解的分量时域及频域图谱。

　　经过此实验把图 3-22 VMD 分解的结果及分量的频谱图和原信号的共振频带进行核对，结果发现由网格搜索设定参数的 VMD 分解方法，很好地将原信号当中的共振频带分解开来。

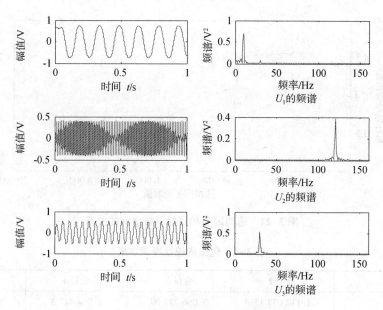

图 3-22　VMD 分解结果时域及频域图谱

3.5　小　　结

　　本章首先介绍了 VMD 分解的基本原理及理论基础,接着通过仿真实验,对仿真信号分别运用 VMD 方法和 EMD 方法进行了处理,将分解后的分量进行频谱分析,从中凸显出了 VMD 方法的优势;接着又针对 VMD 分解方法参数优化的问题,提出了网格搜索的方法,以包络稀疏性作为网格搜索的目标函数,对仿真信号的 VMD 参数进行寻优,最终对仿真信号进行 VMD 分解,把得到的分量进行频谱分析,发现 VMD 方法能够很好地将信号当中的共振频带分离开来。本章通过实验验证了网格搜索方法对 VMD 分解参数寻优的可行性,也为下一章中滚动轴承故障信号 VMD 分解的参数寻优奠定了基础。

第4章 故障信息提取与诊断

4.1 引 言

故障信息的提取是指通过变换把原始信号用新的模式向量来表达，从而找出最具代表性的、最有效的特征。信息提取主要借助于信号处理方法，特别是现代信号处理的理论和技术手段，从对信号的深度分析中获取更多的信息。目前还没有比振动检测法更好的用于滚动轴承监测与故障诊断的特征信号提取方法。本章也将以滚动轴承振动信号作为监测与故障诊断的基本信号进行分析研究。

根据信号处理方法的不同，基于振动信号的轴承故障诊断方法主要分为三类：时域、频域和时频域。时域分析中主要通过观测一些统计指标（均方根、峰度、峭度等）的变化来评估机械的健康状态。频域分析法在目前是应用最多的技术。通过检查频谱图中是否出现与故障相关的特征频率成分来进行故障识别，也可以包括后续处理技术，如双谱和倒谱。频域分析不适合于非平稳信号的处理，但是机械状态监控中遇到很多信号是这种情况。非平稳或瞬变信号可以使用时频域分析技术，如短时傅里叶变换、魏格纳-威尔分布、小波变换[6,52-53]。本章介绍了多种信息提取方法，比如小波变换、经验模态分解[64]等。

4.2 基于子小波布置和系数融合的轴承故障诊断

4.2.1 概述

滚动轴承是旋转机械中常用的部件，超过30%的旋转机械故障与轴承故障有关。可靠的轴承故障诊断技术有助于在早期阶段识别轴承故障，从而防止机械设备性能退化和提高生产质量[5,65-67]。其中小波变换在轴承故障诊断中的应用较为广泛，因为它没有魏格-威尔纳分布中的交叉项问题也能提供比短时傅里叶变换更灵活的多分辨率分析。根据信号分解的原理，小波变换又分离散小波变换、连续小波变换和小波包变换。连续小波变换的优点是尺度细腻，在机械故障诊断中得到了广泛的应用[6,52-53]。但是连续小波变换的缺点在于太多尺度会造成信息冗余和计算量变大。

　　针对连续小波变换中尺度选择困难和多尺度导致的计算量大问题，本书提出一种新的子小波布置策略，并对小波系数进行融合集成。将该方法用于滚动轴承故障特征提取，并通过仿真信号和实际信号进行了验证。

4.2.2　连续小波变换与系数融合

1. Morlet 连续小波变换与子小波布置

假设信号 $x(t)$，$t=1, 2, \cdots, N$，N 为信号的长度。小波变换公式为

$$W_x(t, s) = \int_{-\infty}^{\infty} x(\tau) \sqrt{s} \psi^*(-s(t-\tau)) \mathrm{d}\tau \tag{4.1}$$

式中，$\psi^*(t)$ 是基小波 $\psi(t)$ 的复数共轭；s，t 分别表示尺度和时间变量。选择合适的小波基取决于信号本身和应用场合。在轴承故障检测中，主要目标是分析局部轴承损伤引起的共振特征，因此小波和瞬态特征应该相似，很多文献表明复数 Morlet 小波较为适用[52-53]。

　　复数 Morlet 小波是调制的高斯函数，Morlet 母小波公式为

$$\psi(t) = \frac{d}{\sqrt{\pi}} \exp(-d^2 t^2) \exp(\mathrm{j}2\pi f_c t) \tag{4.2}$$

式中，带宽参数 d 和中心频率 f_c 共同影响 Morlet 基小波的形状。当 d 趋近于零时，在频域上具有最佳分辨率，但没有任何时域分辨率。当 d 为无穷大时，在时域上具有最好的分辨率，却没有任何频域分辨率。分析同样的频率成分时，增大 d 可使时域分辨率提高，而频域分辨率降低。d 不变时，f_c 影响基小波在支撑区间内的振荡频率，振荡频率随 f_c 增大而增大。

　　Morlet 母小波的傅里叶变换为

$$\Psi(f) = \mathrm{e}^{(-\pi^2/d^2)(f-f_c)^2} \tag{4.3}$$

s 尺度下的子小波 $\psi_s(t)$ 的频域为

$$\Psi_s(f) = \mathrm{e}^{(-\pi^2/d_s^2)(f-f_s)^2} \tag{4.4}$$

式中，d_s 和 f_s 分别是该尺度下子小波的带宽参数和中心频率。

　　s 尺度下的小波系数为

$$W(t, s) = \sqrt{s} F^{-1}[X(f) \Psi_s(f)] \tag{4.5}$$

式中，$F^{-1}[\cdot]$ 表示逆傅里叶变换；$X(f)$ 是 $x(t)$ 的傅里叶变换。

对式 (4.5) 求模，可以得到小波能量函数

$$E(t,\ s) = \big| W(t,\ s) \big| = \big| \sqrt{s}\, F^{-1}\big[X(f)\, \Psi_s(f) \big] \big| \tag{4.6}$$

为减少尺度数目，合理并有效覆盖频带，本书提出将 f_s/d_s 设置为常数 $2/(\sqrt{\ln 2}) \approx$ 2.4。这样一来，可以满足小波容许条件 $(f_s/d_s > 1.3)$。同时，随着 f_s 和 d_s 增大，小波在频域有效支撑延长，在时域减小，时间分辨率增高，适合分析快速衰减的轴承故障瞬态信号。

为了对所选频带进行高效的小波变换，还需要合理布置子小波的中心频率。对 s 尺度上对应的中心频率 f_s 来说，−3 dB 带宽等于

$$BW_s = \big[1 - \alpha,\ 1 + \alpha \big] f_s \tag{4.7}$$

$$\alpha = \sqrt{\ln 2}/(2\pi\sqrt{2}) \tag{4.8}$$

对轴承故障诊断而言，本书将子小波的中心频率范围确定为 $(\lambda f_r \sim F_s/2.5)$，其中 λ 是常数，F_s 是信号采样频率。为减小与轴相关故障的干扰，比如不对中和不平衡等，在本书中 λ 取 30。从 λf_r 开始，将第 k 个子小波的中心频率 f_k 设置为

$$f_k = \frac{(1 + \alpha)^{k-1}}{(1 - \alpha)^k} \lambda f_r,\quad k = 1,\ 2,\ \cdots,\ M \tag{4.9}$$

式中，M 为子小波的总数目。如果小波中心频率选择范围设置太小，可能漏掉重要的共振频带。对 λ 而言，λ 太小会引入不对中或不平衡等轴转频谐波的干扰，λf_r 最好不高于轴承故障特征频率。

2. 多尺度小波系数的融合

故障部位与其他轴承部件之间相互接触冲击而产生与轴承故障相关的共振信号，但是相同的特征也可能是由其他振动源引起的，比如不对中和不平衡。通常轴承产生的共振信号会分布在较大带宽范围。非故障情况下信号的小波变换系数具有低幅值和长持续时间，而故障引起的冲击信号的小波变换系数具有高幅值和低持续时间的特性。

为了增强特征，对各尺度的小波能量进行融合集成，假设归一化后的小波能量函数为

$$NE(t,\ k) = E(t,\ k)/STD_k \tag{4.10}$$

式中，STD_k 是第 k 尺度下能量函数的标准偏差。归一化的目的是使得小波系数与尺度无关，以便后续处理。

融合集成后的小波能量函数为

$$I(t) = \sum_{k=1}^{M} \overline{IC_k} NE(t,\ k) \tag{4.11}$$

式中，$\overline{IC_k}$ 为融合系数，是本书提出的一个峰度指标，用来描述小波能量函数的分布情况，其公式为

$$\overline{IC_k} = IC_k \Big/ \sum_{k=1}^{M} IC_k \tag{4.12}$$

$$\mathrm{IC}_k = \sqrt{S_k^2 + K_{uk}}, \quad k = 1, 2, \cdots, M \tag{4.13}$$

式中，S_k 和 K_{uk} 分别是歪度和峭度，公式为

$$S_k = E\big[\,(\mathrm{NE}_s(t, s) - \mu_k)^3 / \delta_k^3\,\big] \tag{4.14}$$

$$K_{uk} = E\big[\,(\mathrm{NE}_s(t, s) - \mu_k)^4 / \delta_k^4\,\big] \tag{4.15}$$

为有效地抑制噪声，突出故障特征，求取 $I(t)$ 的自相关：

$$R_{xx}(m) = E\big[I(t)I(t - m)\big], \quad m = 0, 1, \cdots, N - 1 \tag{4.16}$$

式中，m 表示延迟。

对其求傅里叶变换：

$$R_{xx}(f) = \mathrm{FFT}\big[R_{xx}(m)\big] \tag{4.17}$$

分析 $R_{xx}(f)$ 中故障特征频率信息即可对轴承运行状态做出判断。

4.2.3　仿真验证

根据轴承外圈单个损伤点情况的理论模型[68-69]，仿真外圈单点故障振动信号。模型为

$$\left.\begin{array}{l} x(t) = \sum_i A_i s(t - iT - \tau_i) \\[2mm] s(t) = \mathrm{e}^{-vt}\sin(2\pi F_n t) \end{array}\right\} \tag{4.18}$$

式中，$s(t)$ 是指数衰减的正弦振动信号；T 为冲击间隔时间；A_i 是幅值系数；v 为阻尼系数；F_n 为系统的固有频率。

根据式（4.18），本书中的仿真信号参数如下：采样频率 20 000 Hz，系统固有频率 F_n 为 3 000 Hz，轴转频率为 30 Hz，$v = 0.05$，故障频率为 100 Hz。图 4-1（a）为模拟单点故障信号，信号长度 10 000（时间 0.5 s），为方便只显示了前面 0.1 s 数据。图 4-1（b）为加入正态分布的噪声（SNR = -12 dB）后的信号。图 4-1（c）为运用本书方法布置的子小波在频域的情况，图 4-1（d）为经过小波变换和系数融合后得到的包络功率谱，从中可以看到清晰的故障频率及其谐波。

4.2.4　实测信号验证

1. 实验台与数据采集

为了验证本章所提出方法的有效性和实用性，对滚动轴承实验台上的几种常见的故障进行了实验分析。实验台如图 4-2 所示，轴由感应电机驱动，转速范围为 20~4 200 r/min。轴转速可以通过速度控制器（型号：Delta VFD-PU01）进行调节。联轴器采用松耦合以

消除电机产生的高频振动。轴承座上装有两个滚动轴承，在测试轴承两个垂直方向上安装加速度传感器（型号：ICPIMI）。数据采集卡采用 NI PCI - 4472，采样频率设定在 32 768 Hz。

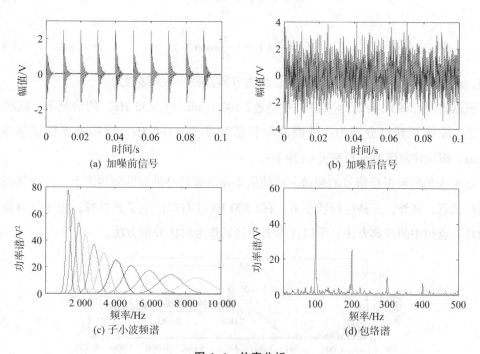

(a) 加噪前信号　　　　　　(b) 加噪后信号

(c) 子小波频谱　　　　　　(d) 包络谱

图 4-1　仿真分析

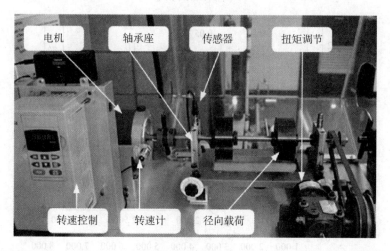

图 4-2　实验台

试验的轴承型号为 MB ER-10K 单列深沟球轴承，其主要结构参数如节径 33.50 mm、滚动体数目 8、滚动体直径 7.94 mm、接触角 0°。

故障特征频率计算公式为

$$f_{\mathrm{o}} = \frac{f_{\mathrm{r}}z}{2}\left(1 - \frac{d}{D}\cos\alpha\right) \tag{4.19}$$

$$f_{\mathrm{i}} = \frac{f_{\mathrm{r}}z}{2}\left(1 + \frac{d}{D}\cos\alpha\right) \tag{4.20}$$

$$f_{\mathrm{b}} = \frac{f_{\mathrm{r}}z}{2d}\left(1 - \left(\frac{d}{D}\cos\alpha\right)^2\right) \tag{4.21}$$

式中，z 为滚动体的数目；d 为球直径；D 为节圆直径；α 为接触角。

　　根据式（4.19）～式（4.21），在转速 2 100 r/min（$f_{\mathrm{r}} = 35$ Hz）的情况下，试验轴承的理论故障特征频率分别为：外圈故障特征频率 $f_{\mathrm{o}} = 107$ Hz、内圈故障特征频率 $f_{\mathrm{i}} = 173$ Hz、滚动体故障特征频率 $f_{\mathrm{b}} = 139$ Hz。

　　图 4-3 为所测振动信号的频谱。单纯从未加后续信号处理的频谱图上，无法判断轴承的运行状态。另外，三种运行状态下，在 2 500 Hz 左右都产生了共振峰。由于包络分析是轴承状态监控中的经典方法，所以在本书中将其作为对比分析方法。

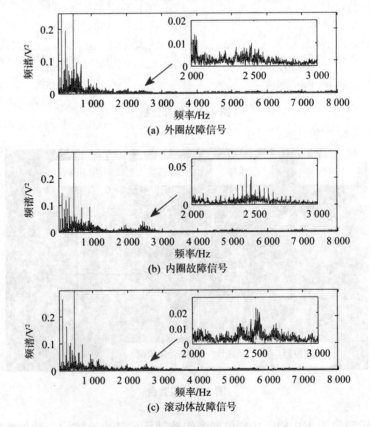

图 4-3　实测信号频谱

2. 方法验证

为了验证本章提出方法的有效性，与两种方法进行了对比分析，其中包括轴承故障诊断领域中的经典方法——包络分析法[70]，以及近些年出现的快速谱峭度图法（Fast kurto-gram）[12]。在包络分析法中，先运用带通滤波器进行滤波，其中带通滤波器中心频率为2 500 Hz，带宽为1 000 Hz。

图 4-4 为对外圈故障信号的对比分析结果。从图 4-4（a）中可以清晰地看到外圈故障特征频率为 107.5 Hz 以及 2~4 次谐波，说明发生了外圈故障。从图 4-4（b）中只可以看到 1 倍的外圈故障特征频率，无法看到其他谐波，说明普通的包络分析效果没有本章方法好。虽然图 4-4（c）快速谱峭度图法也能发现外圈故障频率及其谐波，但是频谱噪声明显比本章所提方法要大很多。

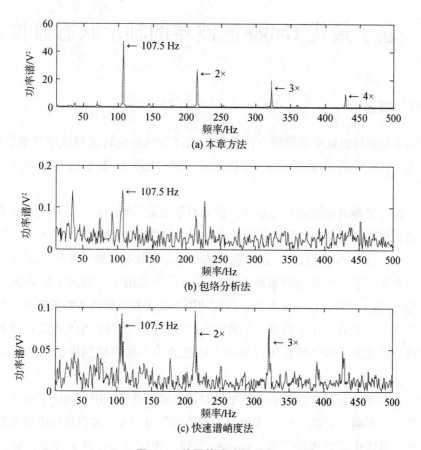

图 4-4　外圈故障分析对比

4.2.5　本章小结

在滚动轴承振动信号分析中，针对连续 Morlet 小波变换的尺度选择困难和多尺度导致的计算量大问题，本节提出一种新的子小波布置策略，并对小波系数进行融合集成。通过滚动轴承实验台信号验证了所述方法的有效性及优点。

结论有以下两点：①将子小波按本节策略分布在几个尺度上，既可有效覆盖频率分析范围，又能避免多尺度导致的信息冗余问题。②利用本节提出的峰度指标对小波变换后的多尺度信息进行融合，增强了故障信息。

本节以滚动轴承故障诊断问题为研究对象，在子小波布置策略和系数融合方面进行了一定的研究。结合研究中的个人体会，笔者认为以下方面是将来的研究方向：①本节提出并用实验验证了峰度指标的有效性，在定量的数学论证方面，需要进一步研究。②齿轮箱设备中往往有多个轴承或齿轮组，在测点受限的情况下，如何确定子小波的中心频率。③实验研究只涉及单个故障，笔者下一步的工作是研究本节方法对轴承复合故障的适用性。

4.3　基于最优 Gabor 滤波器的轴承状态监控方法

4.3.1　概述

滚动轴承是旋转机械中常用的支撑部件，超过 30% 的旋转机械故障与轴承故障有关。基于振动信号分析的滚动轴承运行状态监控与故障诊断方法是近些年来的研究热点[4,71-72]。

包络分析（又称共振解调）是应用广泛且有效的滚动轴承振动信号处理技术之一，可以提取滚动轴承故障信息。包络分析的难点在于确定共振解调频带，因为中心频率和带宽的选择依赖冲击试验和专家经验，滤波器的选择对运行状态分析结果有决定性的影响。近年来很多学者提出了一些有效的解决方法。Antoni[12] 提出了一种基于带通滤波器和频带分解（二分/三分）的 Kurtogram 方法，并成功用于轴承和齿轮的故障诊断中。但是 Kurtogram 方法的不足之处在于中心频率和带宽的选择太粗糙，容易产生共振带选择不全或并入非共振带成分的现象。另外峭度统计量对于随机的冲击噪声特别敏感，易造成频带选择错误。

文献［73］提出运用子频带谱峭度平均对谱峭度法进行改进，解决了脉冲干扰成分对选择共振频带的影响。文献［13］采用结合谱峭度和 Morlet 小波自适应定位共振频带，但是带宽参数在算法中设置为固定值。Barszcz[74] 提出在选择最优频带方面，解调后信号的包络频谱峭度比包络峭度更有效。有一点需注意，边频带或其他频率成分会造成频谱峭度虚高。另外这种方法比较费时，因为本质上是一种逐步搜索。Su[75] 使用复数 Morlet 小波和遗传寻优算法寻找最优频率中心和带宽，但是遗传算法属于随机搜索，不一定能保证获得最优解，同时计算量也很高。

针对上述问题，本书提出一种新的寻优方法和目标函数，可快速准确地定位共振频带，提取状态信息。将该方法用于滚动轴承状态监控，成功提取到运行状态特征，通过仿真信号和实际信号进行了验证。

4.3.2 Gabor 滤波器与参数优化

1. Gabor 滤波器

Gabor 滤波器因为具有良好的时频局部化特性，易于调整基频带宽及中心频率从而能够很好地兼顾信号在时域和频域中的分辨能力。基于此，在图像处理、模式识别以及计算机视觉等领域中，Gabor 滤波器有着广泛的应用。Gabor 滤波器[76]最初由 Dennis Gabor 在1946 年提出，1 维 Gabor 滤波器是高斯包络下的单频率复正弦函数，被定义为

$$g(t) = \frac{1}{\sqrt{2\pi}\sigma} e^{-\frac{t^2}{2\sigma^2}} e^{j2\pi f_c t} \qquad (4.22)$$

为分析方便，利用 $2\sigma^2 = 1/\beta^2$ 将式（4.22）改写成下面形式。

$$g(t) = \frac{\beta}{\sqrt{\pi}} e^{-\beta^2 t^2} e^{j2\pi f_c t} \qquad (4.23)$$

$$G(f) = e^{(-\pi^2/\beta^2)(f-f_c)^2} \qquad (4.24)$$

式中，带宽参数 β 和中心频率 f_c 共同影响 Gabor 滤波器的形状。其中式（4.23）的频域为式（4.24）。当 f_c 不变，β 趋近于零时，Gabor 滤波器在频域上具有最佳的分辨率，但几乎没有时域分辨率。当 β 趋近无穷大时，在时域上具有最好的分辨率，却没有任何频域分辨率。β 不变时，f_c 影响 Gabor 滤波器的振荡频率，振荡频率随 f_c 增大而加快。

假设信号 $x(t)$，其傅里叶变换是 $X(f)$，则 Gabor 滤波器对 $x(t)$ 滤波后的信号为

$$W(t) = F^{-1}[X(f)G(f)] \qquad (4.25)$$

式中，$F^{-1}[\cdot]$ 表示逆傅里叶变换。

2. 网格搜索与目标函数

网格搜索（Grid Search）是将待搜索参数划分成一定空间范围的网格，通过逐步计算网格中所有点的目标函数来确定最优参数。传统的网格搜索方法在寻优区间步距足够小的情况下才可以找出全局最优解，但是计算所有参数组合会造成很大的运算成本。遗传算法属于启发式算法，虽然不必遍历区间内所有的参数组合，但这种算法相对复杂，且容易陷入局部最优。针对网格搜索法搜索时间长的问题提出一种两步法的网格搜索法，先以较大步长在参数空间内进行粗搜索（Coarse Search），初步确定一个近似最优参数区间，然后

在此小区间内进行精搜索（Fine Search）。这大幅度地减少了参数寻优时间，更好地满足在线状态监控的要求。

另外，对共振频带解调而言，最优频率中心和带宽这两个参数的地位不是等同的，频率中心的重要性要高一些。包络稀疏指标随着频率中心和带宽变化缓慢，尤其是带宽，所以网格搜索在寻找频率中心和带宽方面是适用的。依据以上特点，可将频率中心的网格设置密一些，带宽设置疏一些。

峭度（Kurtosis）是在旋转机械状态监控中广泛应用的一个统计量，但是峭度对于随机冲击噪声非常敏感。如果信号中存在有随机冲击噪声，峭度值就变得很大，这极容易造成设备故障的误诊断。本书用稀疏性作为目标函数，因为其对随机冲击具有一定鲁棒性。稀疏性指标公式为

$$Sp(x) = \frac{\sqrt{\frac{1}{N}\sum_{n=1}^{N}x^2(n)}}{\sqrt{\frac{1}{N}\sum_{n=1}^{N}|x(n)|}} = \sqrt{N}\frac{\|x\|_2}{\|x\|_1} \tag{4.26}$$

网格搜索法搜寻滤波器参数可用以下公式表达：

$$GF_{optimal} = arg_{(f_c, \beta)}\max\{Sp[GF_{(f_c, \beta)}(x)]\} \tag{4.27}$$

式中，$GF_{(f_c, \beta)}(x)$ 表示运用 Gabor 滤波器对信号 x 进行滤波后得到的信号。

3. 方法流程

基于以上分析，本书提出通过两步-网格搜索法，以包络稀疏性为目标函数，对滤波器参数寻优。然后对振动信号进行滤波并得到信号包络，最后进行包络自相关谱分析。本书提出方法的流程图如图4-5所示。

具体步骤如下：

（1）粗搜索。

1）将中心频率的范围设定为（$40F_r \sim F_s/2.5$）区间，形成等分的50个搜索网格。假设 $f_{c\,step}$ 为粗搜索阶段网格间距，经过粗搜索阶段得到最优频率中心 f_{coarse}。

2）将带宽参数网格设定为（3，6，9，12，15）倍的 f_i，其中 f_i 是内圈特征频率。

（2）细搜索。

1）将中心频率的范围设定为（$f_{coarse} - f_c step/2 \sim f_{coarse} + f_c step/2$）区间，形成等分的50个搜索网格。

2）将带宽参数范围设定为（$3\sim15$）f_i，布置50个搜索网格。

（3）最优滤波。以粗-细网格搜索得到的最优滤波器对信号进行滤波，得到滤波后信号为 $s_{OF}(t)$。

（4）求取包络。信号 $s_{OF}(t)$ 包络的计算公式如下（其中 HT 表示希尔伯特变换）：

$$\mathrm{env}(t) = \sqrt{s_{OF}(t)^2 + (\mathrm{HT}[s_{OF}(t)])^2} \qquad (4.28)$$

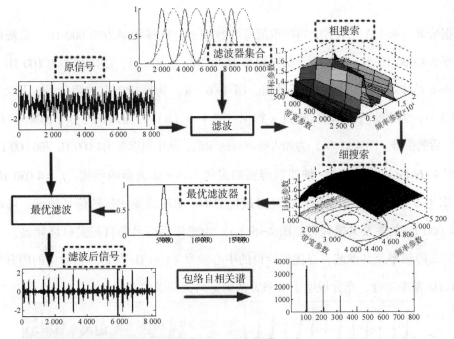

图 4-5　总流程图

（5）包络自相关谱。为有效地抑制噪声，突出故障特征，求取 env (t) 的自相关：

$$R_{xx}(m) = E[\mathrm{env}(t)\mathrm{env}(t - m)], \quad m = 0, 1, \cdots, N - 1 \qquad (4.29)$$

式中，m 表示延迟。

对式（4.29）求傅里叶变换：

$$R_{xx}(f) = \mathrm{FFT}[R_{xx}(m)] \qquad (4.30)$$

分析 $R_{xx}(f)$ 中故障特征频率成分信息即可对轴承运行状态做出判断。

4.3.3　仿真验证

根据轴承外圈单点损伤的理论模型[69]，仿真外圈故障振动信号，仿真信号 $x(t)$ 的模型如下：

$$\left.\begin{array}{l} x(t) = \sum_i A_i s(t - iT - \tau_i) \\[2mm] A_i = A_1 \cos(2\pi F_M t) + A_2 \\[2mm] s(t) = \mathrm{e}^{-\beta t} \sin(2\pi F_{n1} t + 2\pi F_{n2} t) \end{array}\right\} \qquad (4.31)$$

式中, $s(t)$ 是指数衰减的正弦振动信号; T 为冲击间隔时间; A_i 是调幅系数信号; F_M 为频率。τ_i 用于模拟随机滑动; A_2 为常数 ($A_2 > A_1$); β 为阻尼系数; F_{n1} 和 F_{n2} 为系统的两个共振频率。

根据公式 (4.31), 本书中的模拟信号参数如下: 采样频率为 20 000 Hz, 系统的两个共振频率为 4 000 Hz 和 6 000 Hz, 轴转频率为 30 Hz。$\beta = 0.05$, 故障频率为 100 Hz。

图 4-6 给出了仿真信号的分析过程。图 4-6 (a) 为模拟单点故障信号, 长度 10 000 (时间 0.5 s), 为方便只显示前面 0.1 s 数据。图 4-6 (b) 为加入正态分布的噪声 (SNR = -12 dB) 后的信号。图 4-6 (c) 为加入噪声后的频谱, 从中可以看出 4 000 Hz 和 6 000 Hz 的共振带。图 4-6 (d) 为经过粗-细搜索得到的最优 Gabor 滤波器的频谱, $f_c = 4 030$ Hz, $\beta = 1 500$。图 4-6 (e) 为模拟故障信号经过最优 Gabor 滤波器滤波后的信号频谱, 可以看出确定了 4 000 Hz 的主要共振频带。图 4-6 (e) 为滤波后信号的自相关包络频谱, 可以看到清晰的故障频率及其谐波。寻优后所得的中心频率 4 030 Hz 与仿真信号中的固有共振频率 4 000 Hz 基本吻合, 充分说明了本书方法确定共振频带的有效性。

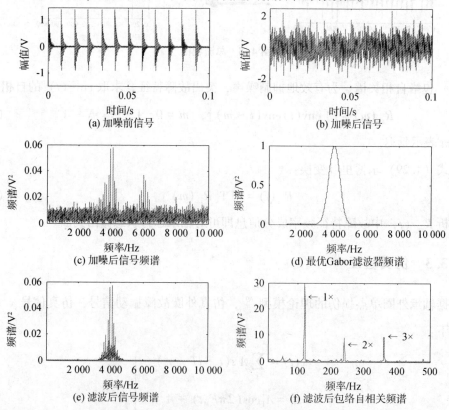

图 4-6 仿真信号分析

4.3.4 实测信号验证

1. 实验台与数据采集

为验证本书方法的有效性，在滚动轴承实验台（加拿大湖首大学智能机电系统实验室[15]）上采集了四种常见运行状态下的振动信号，分别为外圈故障、内圈故障、滚动体故障和正常运行。

实验轴承为单列深沟球轴承，型号为 MB ER – 10K，其主要结构参数为：节径 33.50 mm，滚动体数目 8 个，滚动体直径 7.94 mm，接触角 0°。在转速 2 100 r/min 的情况下，根据下式：

$$f_o = \frac{f_r z}{2}\left(1 - \frac{d}{D}\cos\alpha\right) \tag{4.32}$$

$$f_i = \frac{f_r z}{2}\left(1 + \frac{d}{D}\cos\alpha\right) \tag{4.33}$$

$$f_b = \frac{f_r z}{2d}\left(1 - \left(\frac{d}{D}\cos\alpha\right)^2\right) \tag{4.34}$$

式中，z 为滚动体的数目；d 为球直径；D 为节圆直径；α 为接触角。

实验轴承的理论故障特征频率为：外圈故障特征频率 f_o = 107 Hz，内圈故障特征频率 f_i = 173 Hz，滚动体故障特征频率 f_b = 139 Hz。

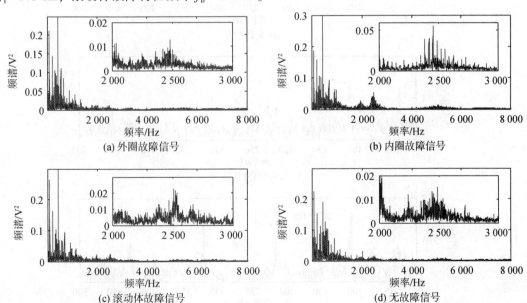

(a) 外圈故障信号　　　　　　　　(b) 内圈故障信号

(c) 滚动体故障信号　　　　　　　(d) 无故障信号

图 4-7　实测信号频谱

图 4-7 为所测振动信号的频谱。从未加后续信号处理的频谱图上，无法判断轴承的运行状态。另外，三种运行状态下，在 2 500 Hz 左右都产生了共振峰。由于包络分析是轴承状态监控中的经典方法，所以在本节将其作为对比分析方法，带通滤波器中心频率设定为 2 500 Hz。

2. 方法对比

为了验证本书提出方法的有效性，将其与两种方法进行了对比分析，其中包括轴承故障诊断领域中的经典方法——包络分析法以及近些年出现的快速谱峭度图法（Fast kurto-gram）[12]。在包络分析法中，先运用带通滤波器进行滤波，其中带通滤波器中心频率为 2 500 Hz，带宽为 1 000 Hz。

图 4-8 为对外圈故障信号的对比分析结果。从图 4-8（a）中可以清晰地看到外圈故障特征频率为 107.5 Hz 以及 2~4 次谐波，说明发生了外圈故障。从图 4-8（b）中只可以看到外圈故障特征频率，无法看到其他谐波，说明普通的包络分析效果没有本书方法好。虽然图 4-8（c）中快速谱峭度图法也能发现外圈故障频率及其谐波，但是频谱噪声明显比本书方法要大很多。

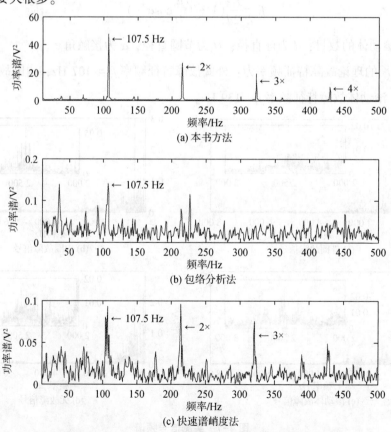

图 4-8　外圈故障分析对比

图 4-9 为对内圈故障信号的对比分析结果。从图 4-9（a）中可以清晰地看到内圈故障特征频率为 174 Hz 以及 2 次谐波。从图 4-9（b）中虽然可看到内圈故障特征频率，但是该频率在谱图上不是主导成分，可能会导致诊断误判。同样，图 4-9（c）中快速谱峭度图法也能发现故障频率，但是频谱粗糙，没有本书方法信噪比高。

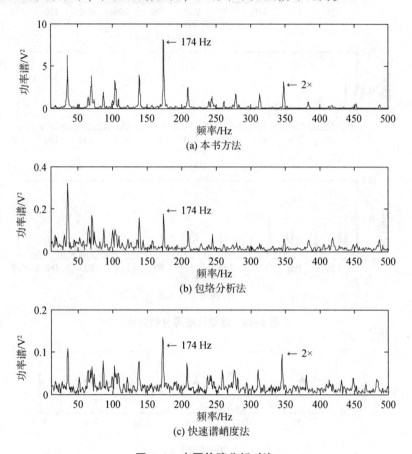

图 4-9　内圈故障分析对比

图 4-10 为对滚动体故障信号的对比分析结果。从图 4-10（a）中可以看到滚动体故障特征频率为 139 Hz。虽然从图 4-10（b）中看到故障特征频率成分，但其在频谱图上不是主导成分。从图 4-10（c）快速谱峭度法中只发现了轴的转频成分，无法判断故障信息。

图 4-11 为对无故障信号的对比分析结果。从图 4-11（a）中可以看到轴的转频为 35 Hz 及其 2~7 阶谐波。从图 4-11（b）中只能看到 2 个和转频相关的频率成分。虽然从图 4-11（c）快速谱峭度法中也能看到如图 4-11（a）图所示的转频成分，但是频率分辨率低很多。

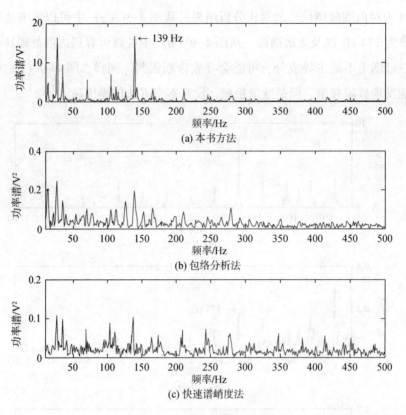

图 4-10　滚动体故障分析对比

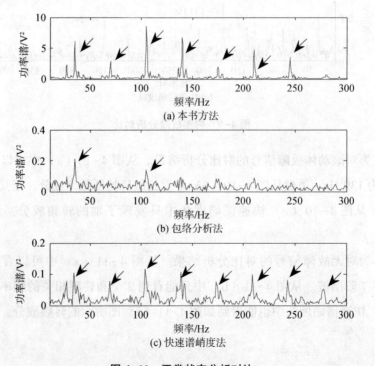

图 4-11　正常状态分析对比

3. 分析总结

表 4-1 列出了本书方法和快速谱峭度法对四种状态的信号进行处理，最终选择的共振带的频率中心和带宽参数。此处需要说明一点，本书中带宽参数 β 和真正 -3 dB 带宽（Bw）之间有一个比例关系，$\beta = 2.67Bw$，可从公式（4.24）推导出。

表 4-1　共振带选择对比　　　　　　　　单位：Hz

	快速谱峭度法		本书方法	
	中心频率	带宽	中心频率	带宽参数 β
外圈故障	12 288	2 730	4 778	1 600
内圈故障	4 608	1 024	4 923	1 800
滚动体故障	6 656	1 024	2 627	3 800
正常状态	10 240	4 096	6 434	2 000

图 4-12 为快速谱峭度图对外圈故障分析的中间结果，从图上可以看出在分解 4 层的情况下，共有 52 个可选的参数组合，所以若参数选择不够细腻，可能出现共振带被分割开以及将非共振频带成分并入共振频带中的现象。快速谱峭度图选择了如图 4-12 中虚线椭圆部分所示的共振带（频率中心为 12 288 Hz），实际上本书方法选择的 4 778 Hz 对应的外圈故障信息更强，也说明了本书采用的包络稀疏指标更有效一些。

fb-kurt.2 - K_{max}=10 @ level 2.5, Bw= 2 730.666 7 Hz, f_c=12 288 Hz

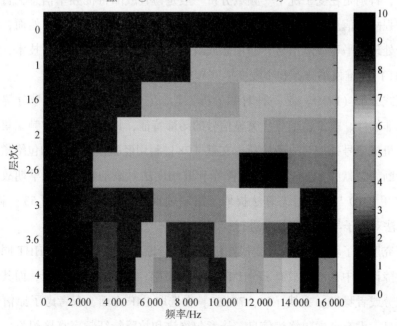

图 4-12　快速谱峭度图

4.3.5　结论

针对旋转机械运行状态特征提取困难问题，本书提出基于最优 Gabor 滤波器的轴承状态监控方法。本节通过仿真信号和实验台信号验证了所述方法的有效性及优点，结论有以下两点：①两步-网格搜索法，可以快速确定覆盖共振频带的最优 Gabor 滤波器；②以包络稀疏为目标函数，可有效选择共振频带，进而进行状态监控。

4.4　基于 EMD 和 MKD 的滚动轴承故障诊断方法

4.4.1　概述

滚动轴承是旋转机械中常用的部件，可靠的轴承故障检测技术有助于在早期阶段识别轴承故障[77]，从而防止机械设备性能退化和提高生产质量。

轴承故障诊断的关键是通过适当的信号处理技术来提取代表性的故障特征。这些技术主要分为时域、频域和时频域。时域分析主要是利用一些统计指标，如峰度和峭度，对设备进行监控。如果监测指标超过了预定的阈值，则认为有故障。时域法的缺点是很难建立适当的阈值，特别是在变工况下。频域分析一般是检查故障特征频率信息，包括一些后处理分析来增强故障信息。例如，双谱、倒谱、频率滤波和包络分析等。然而，经典的频域技术不适合处理非平稳故障信号。非稳态或瞬态特征可以利用时频分析技术，如短时傅里叶变换（STFT），维格纳分布和小波变换（WT）。

经验模式分解（EMD）是一种时频分析工具，它是一种自适应信号分解方法，能够处理复杂的非线性、非平稳信号，突显信号的局部特征，具有良好的时频聚集能力，因此被广泛用于机械信号处理与故障诊断。文献 [78] 利用经验模式分解和包络谱分析进行液压泵故障诊断，文献 [79] 运用 EMD 降噪和谱峭度法对滚动轴承进行早期故障诊断，文献 [80] 采用 EMD 与滑动峰态算法提取了滚动轴承故障特征，文献 [53] 利用 EMD 和 IMF 选取算法对转子早期碰摩故障进行诊断。

以上研究展示了希尔伯特-黄变换在机械故障诊断中的优势，然而 HHT 同时具有不足之处。在故障诊断中，通常只有部分 IMF 对故障敏感，能反映故障特征，而其他 IMF 代表的是干扰成分或者噪声。文献 [64, 78-80] 在选取 IMF 方面，只考虑了原信号和 IMF 在时域内的信息，没有考虑包络谱信息，毕竟包络谱和故障特征频率直接相关 。

另外，对于早期微弱故障，选取的 IMF 还不足以判明故障，还需要有后续处理，继续增强故障信息。

为解决上述问题，本书提出基于改进 EMD 和最大峭度解卷积算法的滚动轴承故障特征提取方法。该方法先依据原信号和 IMF 分量的时域峭度和包络谱峭度剔除 EMD 分解结果中的虚假分量，再利用最大峭度解卷积算法对 IMF 进行信息增强，最后包络解调分析完成故障诊断。

将该方法用于滚动轴承故障特征提取，成功提取到故障特征信息，通过实际信号进行了验证。

4.4.2 EMD 与 IMF 重构

1. EMD 原理

EMD 将非线性非平稳信号分解为一组表征信号特征时间尺度的 IMF 分量和一个残余项的和[81]。对任意一给定信号 $s(t)$，EMD 分解过程为：

（1）确定信号的所有局部极值点。

（2）将最大、最小局部极值点用三次样条曲线连接起来构成上、下包络线 (x_U, x_L)。

（3）计算上下包络的平均值。

$$\mu_{11}(t) = (x_U(t) + x_L(t))/2 \tag{4.35}$$

（4）求信号 $s(t)$ 和包络均值 $\mu_{11}(t)$ 的差值

$$h_1(t) = x(t) - \mu_{11}(t) \tag{4.36}$$

（5）检验 $h_1(t)$ 是否为 IMF，如果不是，则将 $h_1(t)$ 作为初始信号。重复步骤（1）～（3），得到

$$h_{11}(t) = h_1(t) - \mu_{11}(t) \tag{4.37}$$

式中，$\mu_{11}(t)$ 为 $h_1(t)$ 的上、下包络的均值。$h_{11}(t)$ 作为新的信号重复上述的筛选过程 k 次，直到 $h_{1k}(t)$ 满足 IMF 条件。$h_{1k}(t)$ 为第一个 IMF 分量，记为 $c_1(t)$

$$c_1(t) = h_{1k}(t) \tag{4.38}$$

c_1 包含了信号中的最细尺度和最短周期分量。

（6）计算第一个残余信号 $r_1(t)$

$$r_1(t) = r_0(t) - c_1(t) \tag{4.39}$$

式中，$r_0(t) = 0$，$r_1(t)$ 作为新的初始信号。重复步骤（1）～（5）n 次，得到第 n 个 IMF 分量和残余信号 $r_n(t)$，即

$$r_n(t) = r_{n-1}(t) - c_n(t)，\quad n = 2，3，4，\cdots \tag{4.40}$$

当残余信号 $r_n(t)$ 成为单调函数且不能提取新的 IMF 时,停止筛选过程。

信号 $s(t)$ 可以表示为

$$s(t) = \sum_{m=1}^{n} c_m + r_n(t) \tag{4.41}$$

式中,$c_m(t)$ 表示第 m 个 IMF 分量;$r_n(t)$ 为第 n 个残余分量,表示信号的平均趋势。

2. 敏感 IMF 重构

对振动信号进行 EMD 分解之后得到了一组 IMF,有些 IMF 是与故障紧密相关的敏感分量,而其他分量与故障无关,甚至是噪声干扰成分。所以在对 IMF 进行包络功率谱分析之前,需要筛选与故障相关的敏感 IMF,以提高故障特征提取精度和故障诊断准确率。

从时域角度看,当某些 IMF 的峭度值较大时,说明这些 IMF 中含有较多的冲击成分,即原信号分解后较多的故障冲击成分保留在这些 IMF 中。

$$\text{Kurtosis}(x) = \frac{\frac{1}{N} \sum (x_i - \bar{x})^4}{\text{Std}(x)^4} \tag{4.42}$$

式中,Kurtosis (x) 表示信号 x 的峭度;Std (x) 表示信号 x 的标准差。

从包络域看,如果能看到明显突出的故障特征频率以及多次谐波,说明这些 IMF 含有较多故障信息。简言之,故障信息多的 IMF,无论时域还是包络频谱,都应该具有高峭度值。

包络公式为

$$\text{env}(t) = \sqrt{x(t)^2 + (\text{HT}[x(t)])^2} \tag{4.43}$$

式中,HT 表示 Hilbert 变换。

基于以上分析,本书提出一种基于包络谱峭度和时域峭度的敏感 IMF 选择算法。先计算各 IMF 的时域峭度和包络谱峭度的乘积(indexTE),选择最大和次大乘积对应的 IMF 进行重构。indexTE 计算公式为

$$\text{indexTE} = \{\text{Kurtosis}(x) \times \text{Kurtosis}(\text{FFT}(\text{env}(x)))\} \tag{4.44}$$

4.4.3　最大峭度解卷积与参数选择

1. 最大峭度解卷积原理

最大峭度解卷积算法的本质是一个逆滤波器,反作用信号的传递路径,以恢复原始的输入冲击信号。因为最大峭度解卷积滤波器的参数是通过对信号峭度取最大化获得,所以称这种逆滤波器为最大峭度解卷积[82-85]。

　　图 4-13 表达了 MKD 解卷积去噪和增强信号的过程。如果滚动轴承有故障，由于内外圈和滚动体之间相互接触，在故障处就会产生冲击性信号 $s(t)$。$s(t)$ 沿着滚动轴承和相关机械部件传递到测量传感器处。传递路径起到对信号的阻抗作用，可由滤波器 $h(t)$ 来表示。同时，冲击信号也会被混入其他噪声信号 $n(t)$。假设传感器测量得到信号为 $d(t)$，MKD 逆滤波器 $f(t)$ 的目标就是消除传递路径的影响，恢复出初始输入冲击信号。可以认为经最大峭度解卷积后的信号是一个更加接近于原始轴承冲击信号的信号。

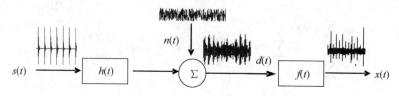

图 4-13　最大峭度解卷积（MKD）过程

　　假设输出信号为 $x(t)$，$t=1, 2, \cdots, N$。N 是信号的长度。MKD 逆滤波器 $f(t)$ 可以写成有限冲击响应滤波器（长度 L）的形式，即

$$x(t) = f(t) \otimes d(t) = \sum_{l=1}^{L} f(L) d(t-L) \quad t = 1, 2, \cdots, N \qquad (4.45)$$

　　为了保证 MKD 逆滤波器是符合因果关系，以下条件需要满足：

$$f(t) \otimes d(t) = \delta(t-i) \qquad (4.46)$$

式中，i 是延迟量。

　　目标函数设为输出信号 $x(t)$ 的峭度最大化，即

$$K(f(j)) = \frac{\sum_{t=1}^{N} x^4(t)}{(\sum_{t=1}^{N} x^2(t))^2} \quad j = 1, 2, \cdots, L \qquad (4.47)$$

式中，L 是滤波器的长度。

　　为设计最优逆滤波器 $f(t)$ 使得滤波后信号的峭度最大，需使得目标函数的一阶导数为零，可以描述为

$$\frac{\partial K(f(j))}{\partial f(j)} = 0 \qquad (4.48)$$

　　由式（4.45）得

$$\frac{\partial x(t)}{\partial f(j)} = d(t-j) \qquad (4.49)$$

　　式（4.48）推导为

$$\frac{\partial K(f(j))}{\partial f(j)} =$$

$$\frac{4\sum_{t=1}^{N}(x^3(t)\frac{\partial x(t)}{\partial f(j)})(\sum_{t=1}^{N}x^2(t))^2 - 4\sum_{t=1}^{N}x^4(t)\sum_{t=1}^{N}x^2(t)\sum_{t=1}^{N}(x(t)\frac{\partial x(t)}{\partial f(j)})}{(\sum_{t=1}^{N}x^2(t))^4} = 0 \tag{4.50}$$

化简后得到

$$\frac{\sum_{t=1}^{N}x^2(t)}{\sum_{t=1}^{N}x^4(t)}\sum_{t=1}^{N}(x^3(t)\frac{\partial x(t)}{\partial f(j)}) = \sum_{t=1}^{N}(x(t)\frac{\partial x(t)}{\partial f(j)}) \tag{4.51}$$

令

$$b = \frac{\sum_{t=1}^{N}x^2(t)}{\sum_{t=1}^{N}x^4(t)}\sum_{t=1}^{N}[x^3(t)d(t-j)] \tag{4.52}$$

$$A = \sum_{t=1}^{N}\sum_{l=1}^{L}[d(t-l)d(t-j)] \tag{4.53}$$

$$F = \sum_{l=1}^{L}[f(l)] \tag{4.54}$$

（7）写成矩阵的形式为

$$b = AF \tag{4.55}$$

$$F = A^{-1}b \tag{4.56}$$

式中，b 为输入和输出的互相关矩阵；A 是输入信号的托普利兹（Toeplitz）自相关矩阵；F 就是 MKD 滤波器的参数。

2. MED 实现过程与参数选择

MED 实现步骤可以归纳如下：

（1）计算托普利兹自相关矩阵 A；

（2）初始化 MED 滤波器系数 F：$F^{(0)} = 1$；

（3）根据式（4.45）计算输出信号；

$$x(t) = \sum_{i=1}^{L}f^{(i-1)}(l)d^{(i-1)}(t-l), \quad i = 1, 2, \cdots, N \tag{4.57}$$

式中，N 为总迭代计算次数。

（4）通过式（4.55）计算 $b^{[i]}$；

（5）通过式（4.56）计算 $F^{[i]}$；

（6）计算迭代终止条件：

$$\delta = \frac{\sum\limits_{t=1}^{N} x^{[i]\,4}(t)}{(\sum\limits_{t=1}^{N} x^{[i]\,2}(t))^2} - \frac{\sum\limits_{t=1}^{N} x^{[i-1]\,4}(t)}{(\sum\limits_{t=1}^{N} x^{[i-1]\,2}(t))^2} \qquad (4.58)$$

将 δ 与设定值比较，当 δ 小于设定值迭代终止；否则进入步骤（3），开始下一轮迭代循环。

最大峭度解卷积方法的主要影响因素包括滤波器长度、迭代次数以及收敛误差。如图4-14 所示，当循环次数大于一定值（如 20）时，MED 输出信号的峭度基本上稳定，尽管增大循环次数可以提高峭度，但是这样做对机械故障诊断而言意义不大。收敛误差一般取0.01。在 MED 滤波器设计过程中，影响最大的因素是滤波器长度。因为过长的滤波器长度，会增加计算量，在满足要求的情况下应尽量减少滤波器长度，本书选为 128~512之间。

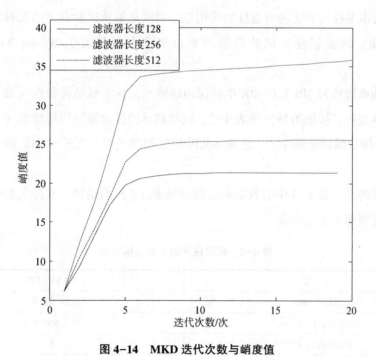

图 4-14　MKD 迭代次数与峭度值

4.4.4　基于 EMD 和 MKD 的轴承微弱故障诊断方法

虽然 EMD 方法在轴承故障诊断中取得了一定成果，但对其进行最大峭度解卷积（MKD）等后续处理可进一步增强振动信号的冲击特征，有效提取故障信息。本书提出一种 EMD 和最大峭度解卷积相结合的滚动轴承早期故障诊断新方法。具体诊断步骤如下，流程如图 4-15 所示。

（1）获取振动信号，进行相应预处理，如降噪。

（2）对预处理后信号进行 EMD 分解，然后根据包络谱信息对 IMF 分量进行筛选，得到故障特征所在的真实 IMF 重构信号。

（3）为继续增强振动信号的冲击特征，进行最大峭度解卷积处理。

（4）计算包络功率谱。因为包络功率谱比包络谱更能突出故障特征成分，抑制频谱中的噪声成分。

（5）与故障特征频率进行匹配，输出运行信息。

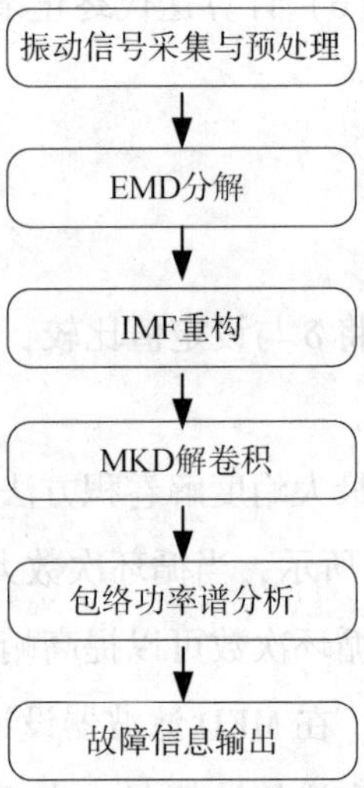

振动信号采集与预处理

↓

EMD分解

↓

IMF重构

↓

MKD解卷积

↓

包络功率谱分析

↓

故障信息输出

图 4-15　滚动轴承诊断流程图

4.4.5　实测信号验证

为了验证本书提出方法的有效性和实用性，对滚动轴承试验台上的几种常见的故障进行了试验分析。试验装置和试验数据均来自加拿大湖首大学 Wilson Wang 教授的实验室[87]。

试验的轴承型号为 MB ER-10K 单列深沟球轴承，其主要结构参数（如节颈、滚动体数目、滚动体直径、接触角等）见表 4-2。试验轴承的理论故障特征频率（如内圈故障特征频率 f_i、外圈故障特征频率 f_o、滚动体故障特征频率 f_b 等）见表 4-3。轴承的测试条件见表 4-4。

需要说明的是，表 4-3 中的数据表示转轴频率（f_r）的倍数，实际的特征故障频率需要该系数与转频相乘才能得到。

表 4-2　实验轴承的主要结构参数

型　号	MB ER-10K
节径 $D/$mm	33. 502 6
滚动体直径 $d/$mm	7. 937 5
滚动体数目 $Z/$个	8
接触角 $\beta/$（°）	0

表 4-3　实验轴承理论故障特征频率

型　号	$f_o/$Hz	$f_i/$Hz	$f_b/$Hz	$f_c/$Hz
MB ER-10K	3. 05×f_r	4. 95×f_r	3. 98×f_r	0. 76×f_r

表 4-4　试验条件

试验条件	参　数
轴承型号	MB ER-10K
试验转速/ (r·min⁻¹)	900, 1 200, 1 500, 1 800, 2 100
试验载荷/ (N·m)	0.5, 1.5, 2.5
采样频率/kHz	20 480
数据长度/点	204 800
润滑	脂润滑

图 4-16 (a) 为转速 1 500 r/min 和载荷 2.5 N·m 条件下采集的内圈故障振动信号，频谱如图 4-16 (b) 所示。根据表 4-3 计算，理论内圈故障频率为 123.75 Hz。原始信号时域峭度为 3.481 5。

对内圈故障信号进行 EMD 分解和 IMF 重构后得到的信号，如图 4-16 (c) 所示，峭度值为 4.565 9，较原信号有所提高。图 4-16 (c) 信号的频谱如图 4-16 (d) 所示，可以看出低频分量得到削弱，中高频分量得以保留，其作用相当于高通滤波，减少了低频干扰的影响。

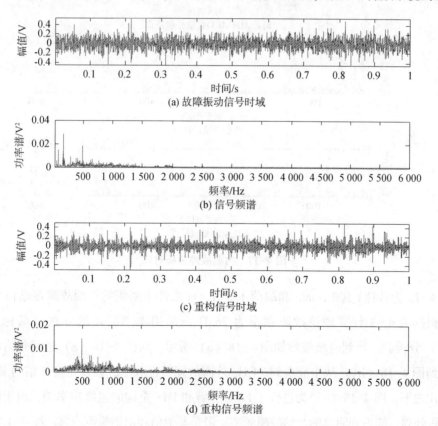

(a) 故障振动信号时域

(b) 信号频谱

(c) 重构信号时域

(d) 重构信号频谱

图 4-16　原信号与 IMF 重构信号时域、频域

对图 4-16 重构后的信号采用本书提出的解卷积方法（简称 "EMD+MKD"）分析后，得到时域波形如图 4-17 (a) 所示，时域峭度为25.345 1，故障冲击信息明显加强。对图 4-17 (a) 进行包络功率谱分析，得到图 4-17 (b)。从中能看到 123 Hz 内圈故障特征频率，以及 2 倍、3 倍的谐波。同时也可以看到被转频调制的边频成分和转频成分。

相比之下，图 4-17 (c) 为图 4-16 (c) 信号的包络功率谱，由于进行了 EMD 分解和 IMF 重构，但是没有后续的解卷积处理，只能看到微弱的 1 倍故障频率。图 4-17 (d) 为原始信号的包络功率谱，由于没有经过任何处理，没有发现故障信息。

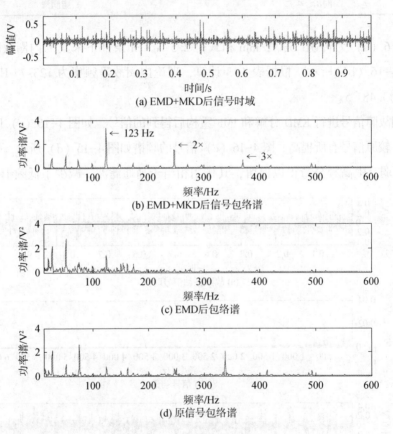

图 4-17　内圈故障分析对比

图 4-18 为转速1 500 r/min 和载荷 1.5 N·m 条件下采集的外圈故障振动信号的分析结果，根据表 4-3 计算理论故障频率为 76 Hz。采用本书提出的方法（简称 "EMD+MKD"）分析后，得到时域波形如图 4-18 (a) 所示。对图 4-18 (a) 进行包络功率谱分析，得到图 4-18 (b)。从中能看到 74 Hz 外圈故障特征频率，以及至少 5 倍的谐波。

相比之下，图 4-18 (c) 为进行了 EMD 分解和 IMF 重构的包络功率谱，由于没有后续的解卷积处理，能看到明显的 2 倍故障频率，但是其他倍频出谱峰不明显。图 4-18 (d) 为外圈故障原始信号的包络功率谱，也是只能看到 2 倍故障频率。

为了验证所提出的方法"EMD+MKD"的鲁棒性，对凯斯西储大学（Case Western Re-serve University）的轴承滚动体故障振动信号进行分析。滚动轴承的型号为 6205-2RS 型深沟球轴承，轴承的内径为 25 mm，外径为 52 mm，厚度为 15 mm，节径为 39 mm，滚动体直径为 7.938 mm，接触角为 0°，实验转速为 1 750 r/min，理论故障频率为 137.47 Hz。

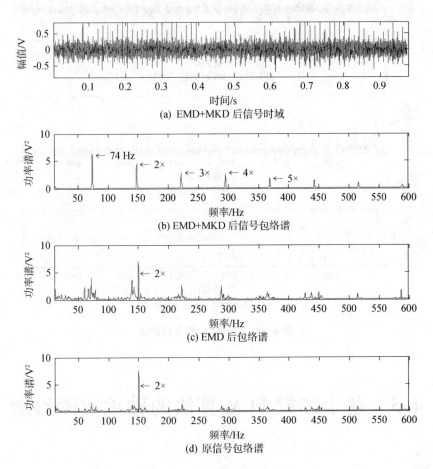

图 4-18 外圈故障分析对比

图 4-19（a）为原始振动信号，时域峭度为 3.577 2。图 4-19（c）为原始振动信号的包络谱。对图 4-19（a）采用本书方法分析后，得到时域波形如图 4-19（b）所示，时域峭度为 19.327 9，故障信息明显加强。对图 4-19（b）进行用包络功率谱分析，如图 4-19（d）所示。从中能看到 138.4 Hz 滚动体故障特征频率，以及 2~4 倍的故障特征频率谐波。

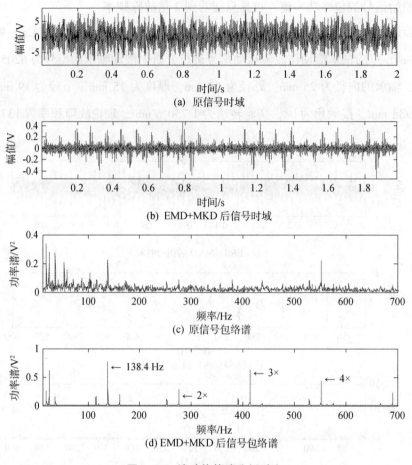

(a) 原信号时域

(b) EMD+MKD 后信号时域

(c) 原信号包络谱

(d) EMD+MKD 后信号包络谱

图 4-19　滚动体故障分析对比

4.5　基于加权 FCM 算法的轴承故障诊断

4.5.1　概述

机械故障诊断中的首要任务之一就是故障模式识别。很多方法已应用于机械状态监测和故障诊断，如统计方法、聚类分析、神经网络、基于模型法、遗传法、混合系统等。

对故障诊断而言，模糊聚类分析已证明是比传统的聚类分析在分析故障方面更有效，这是因为模糊分类方法模拟了人类处理不确定信息的方式。模糊聚类，已被广泛用于自动故障诊断。

在各种聚类算法中，模糊 C 均值（Fuzzy C-Means，FCM）算法[86]是应用最广泛的一种算法。然而，FCM 算法假设所有的特征对分类的贡献都相同，没有考虑不同特征对聚类的不同影响，甚至有些特征是冗余的。

为了更准确辨别故障类型，有时还会选取大量特征，但过多的特征也会影响分类准确率。因此，对提取的特征进行评估显得尤为重要，目的是在不丢失故障信息的情况下，选取较敏感特征进行故障诊断。

基于以上分析，本书提出一种基于类可分性测量（Class Separability Measure）的加权 FCM 算法，并将其应用到滚动轴承的故障诊断中。该算法将特征选择（Feature selection）和特征加权（Feature weighting）融入模糊聚类算法中。根据类可分性测量指标计算特征权，然后将特征权赋予相应特征，以反映特征对故障模式的敏感性。

本书提出的算法的优点是：特征权计算方法简单，易于理解。本书应用特征加权 FCM 算法对四种载荷和多种故障程度下测得的滚动轴承振动信号进行了故障诊断分析，分析结果证实了该方法的有效性和实用性。

4.5.2 算法描述

1. FCM 算法

FCM 算法最早由 Dunn 提出，后由 Bezkek[86] 于 1981 年进行了扩展和总结，它推广了精确 k-均值聚类（硬聚类，HCM）算法，引入模糊集作为分类结果，得到了非常广泛的应用。FCM 算法是一种基于划分的聚类算法，它的思想就是使得被划分到同一类的对象之间相似度最大，而不同类之间的相似度最小。模糊 C 均值算法是普通 C 均值算法的改进，普通 C 均值算法对于数据的划分是硬性的，而 FCM 则是一种柔性的模糊划分。

FCM 算法的实现是根据以下目标函数的最小化：

$$J = \sum_{i=1}^{c} J_i = \sum_{i=1}^{c} \sum_{j=1}^{n} u_{ij}^m d_{ij}^2 \tag{4.59}$$

式中，m 是模糊度的控制权重，为任何比 1 大的实数；u_{ij} 是 x_i 对 j 的隶属度；x_i 为第 i 个 d 维测量数据；d_{ij} 为第 i 个聚类中心和第 j 个数据点的距离，其定义如下：

测量数据和聚类中心的相似度定义为

$$d_{ij} = \sqrt{\sum_{k=1}^{d} (v_{jk} - x_{ik})^2} \tag{4.60}$$

FCM 算法的迭代过程，就是使准则函数 J 能逐步逼近其极值。J 是一个有约束的准则函数，其约束条件为 $\sum_{i=1}^{k} u_{ij} = 1$ 和 $\sum_{j=1}^{n} u_{ij} > 1$。运用拉格朗日乘数法，可化为无约束的准则函数：

$$F = \sum_{i=1}^{c} \sum_{j=1}^{n} u_{ij}{}^{m} d_{ij}^{2} - \sum_{j=1}^{n} \lambda_j (\sum_{i=1}^{k} u_{ij} - 1) \tag{4.61}$$

式（4.61）取极值的必要条件为

$$\partial F / \partial u_{ij} = m u_{ij}{}^{m-1} d_{ij}^{2} - \lambda_j = 0$$

$$\partial F / \partial \lambda_j = - (\sum_{i=1}^{k} u_{ij} - 1) = 0 \tag{4.62}$$

可解得

$$u_{ij} = \frac{1}{\sum\limits_{k=1}^{c} \left(\dfrac{d_{ij}}{d_{kj}} \right)^{2/(m-1)}} \tag{4.63}$$

对于新的聚类中心，也应当使准则函数取得极值，即

$$\partial F / \partial v_i = 0 \tag{4.64}$$

可解得

$$v_i(t) = \frac{\sum\limits_{j=1}^{n} u_{ij}{}^{m} x_j}{\sum\limits_{j=1}^{n} u_{ij}{}^{m}} \tag{4.65}$$

模糊划分的实现是对目标函数的迭代优化过程，迭代过程中隶属度 u_{ij} 和聚类中心 v_j 不断地按上面两式进行更新。

FCM 算法步骤如下：

步骤 1：初始化矩阵 $U = [u_{ij}]$ 为 $U(0)$，选择设定类别数 k、模糊度控制权重 m 和迭代中止条件 ε。计算各类的初始聚类中心 $v_j(0)$：

$$v_j(0) = \frac{\sum\limits_{i=1}^{c} u_{ij}{}^{m} x_j}{\sum\limits_{i=1}^{c} u_{ij}{}^{m}} \tag{4.66}$$

步骤 2：在第 k 步用 $u_{ij}^{(k)}$ 计算 $v^{(k)}$。

步骤 3：更新 $u_{ij}^{(k)}$，$u_{ij}^{(k+1)}$。

步骤 4：若 $\| u_{ij}^{(k+1)} - u_{ij}^{(k)} \| < \varepsilon$ 则中止，否则转到步骤 2 进行下一次聚类迭代。

m 的取值对聚类结果的影响有许多研究，目前尚无定论。通常取 1.5~2.5 之间比较有效，本书取 $m = 2$。

2. 特征加权 FCM 算法

在使用 FCM 算法进行聚类分析的时候，总是假定各个特征具有相同的重要性。实际

上，不同的特征对聚类分析的贡献并不相同。为了考虑不同特征的重要性或敏感性，引入了特征加权。

FCM 和特征加权 FCM 的区别在于后者采用的是加权距离矩阵。d_{ij} 为欧几里得距离，而 $d_{ij}^{(w)}$ 为加权的欧几里得距离。

$$d_{ij}^{(w)} = \sqrt{\sum_{k=1}^{d} w_k^2 (v_{jk} - x_{ik})^2} \tag{4.67}$$

特征加权 FCM 算法的目标函数为

$$J = \sum_{i=1}^{c} J_i = \sum_{i=1}^{c} \sum_{j=1}^{n} u_{ij}^m (d_{ij}^{(w)})^2 \tag{4.68}$$

式中，$d_{ij}^{(w)}$ 是加权距离。与 FCM 相同，特征加权 FCM 输入为所有的样本数据，输出为聚类中心和划分矩阵 $U = [u_{ij}]$。

4.5.3　特征评价和选择

1. 特征提取

故障诊断在本质上属于模式识别，其中最重要的步骤是特征提取。本书研究了轴承振动信号的 32 个时域和频域特征。

特征提取的步骤如下：

首先，计算初始信号的 12 个时域特征参数，分别为均值（Mean）、峰值（Peak）、均方值（Mean Square）、方差（Variance）、标准差（Standard Deviation，）、均方根（RMS）、脉冲指标（Impulse Factor）、峰值因子（Creast Factor）、波形指标（Shape Factor）、裕度指标（Clearance Factor）、偏度（Skewness）、峭度（Kurtosis）。

峰值为

$$\text{Peak} = \frac{1}{2}(\text{Max}(x_i) - \text{Min}(x_i)) \tag{4.69}$$

均方根为

$$\text{RMS} = \sqrt{\frac{1}{N} \sum (x_i - \bar{x})} \tag{4.70}$$

峰值因子为

$$\text{Creast Factor} = \text{Peak}/\text{RMS} \tag{4.71}$$

脉冲指标为

$$\text{Impulse Factor} = \frac{\text{Peak}}{\frac{1}{N} \sum |x_i|} \tag{4.72}$$

波形指标为

$$\text{Shape Factor} = \frac{\text{RMS}}{\frac{1}{N} \sum |x_i|} \tag{4.73}$$

裕度指标为　　　　　$\text{Clearance Factor} = \dfrac{\text{Peak}}{(\dfrac{1}{N}\sum\sqrt{|x_i|})^2}$　　　　　(4.74)

峭度为　　　　　$\text{Kurtosis} = \dfrac{\dfrac{1}{N}\sum(x_i - \bar{x})^4}{\text{RMS}^4}$　　　　　(4.75)

偏度为　　　　　$\text{Skewness} = \dfrac{\dfrac{1}{N}\sum(x_i - \bar{x})^4}{\text{RMS}^4}$　　　　　(4.76)

峭度是随机变量非高斯性衡量的指标。对于高斯随机变量峭度为零，超高斯分布的峭度为正，亚高斯分布的峭度为负。偏度刻画了一个围绕其均值分布的不对称程度。

然后，从振动信号的 FFT 谱中提取四个频域特征频率均值（M_{f}）、频率中心（F_{c}）、均方根频率（R_{msf}）、标准差频率（S_{df}）。

$$M_{\text{f}} = \sum_{k=1}^{K} s(k)/K \tag{4.77}$$

$$F_{\text{c}} = \sum_{k=1}^{K} f_k s(k) / \sum_{k=1}^{K} s(k) \tag{4.78}$$

$$R_{\text{msf}} = \sqrt{\dfrac{\sum\limits_{k=1}^{K} f_k^2 s(k)}{\sum\limits_{k=1}^{K} s(k)}} \tag{4.79}$$

$$S_{\text{df}} = \sqrt{\dfrac{\sum\limits_{k=1}^{K} (f_k - F_{\text{c}})^2 s(k)}{\sum\limits_{k=1}^{K} s(k)}} \tag{4.80}$$

式中，$s(k)$ 是谱值，$k = 1, 2, \cdots, K$；K 为谱线数量；$f(k)$ 为第 k 条谱线的频率值。

最后，使用小波分析理论，通过一维离散小波包变换将时域信号分解为 4 层共 16 个小波包。采用这 16 个小波包的归一化能量作为特征。归一化能量的定义如下：

$$NE_k = E_k / \sum_{k=1}^{16} E_k \tag{4.81}$$

式中，$E_k = \sum\limits_{i=1}^{n} x_{ki}^2$，为第 4 层上第 k 个包的能量；x_{ki} 为第 k 个小波包系数。小波包归一化能量如图 4-20 所示。

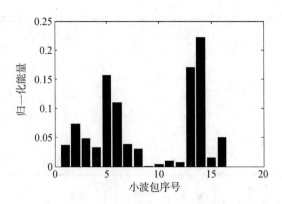

图 4-20　小波包归一化能量

2. 特征评价

为了选择能代表所有故障特征的最优特征参数，本书提出一种根据类可分性指标进行特征选择的方法。

类内散布矩阵（Within-class Scatter Matrix）表达式为

$$S_{wi} = \frac{1}{N_i} \sum_{k=1}^{N_i} (x_k^{(i)} - m^{(i)})(x_k^{(i)} - m^{(i)})' \tag{4.82}$$

式中，N_i 为 i 类的数目；$x_k^{(i)}$ 为 i 类中第 k 个样本；$m^{(i)}$ 是 i 类平均矢量。

总的类内散布矩阵（B-class Scatter Matrix）定义如下：

$$S_w = \sum_{i=1}^{c} P_i S_{w_i} = \sum_{i=1}^{c} P_i \frac{1}{N_i} \sum_{k=1}^{N_i} (x_k^{(i)} - m^{(i)})(x_k^{(i)} - m^{(i)})' \tag{4.83}$$

式中，P_i 为 i 类的频率，$P_i = N_i/N$。

总的类间散布矩阵定义为

$$S_b = \sum_{i=1}^{c} P_i (m^{(i)} - m)(m^{(i)} - m)' \tag{4.84}$$

式中，m 为所有样本的平均矢量。

$$m^{(i)} = \frac{1}{N_i} \sum_{k=1}^{N_i} x_k^{(i)} , \quad m = \frac{1}{N} \sum_{l=1}^{N} x_l \tag{4.85}$$

总的类内散布矩阵 S_w 越小，总的类间散布矩阵 S_b 越大，这样的特征参数就越好。本书中将评价指标定义为

$$J_1 = S_b / S_w \tag{4.86}$$

3. 特征选择

根据评价 J_1 从原始特征中选取最优特征。每个振动信号可以得到 32 个原始特征，这些特征的评价指标如图 4-21 所示。

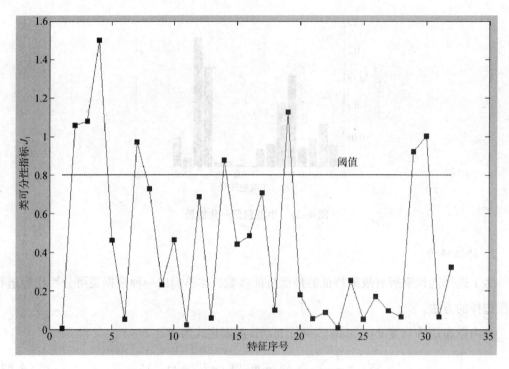

图 4-21　原始特征的评价指标

图 4-21 中水平线表示用户定义的阈值 Th[87]。评价指标的值越大，选取的特征就能越有效地区分不同类。本书选取的用户定义阈值是 0.8，32 个原始特征中的 8 个特征的可分性指标高于 0.8 这个阈值。将这 8 个特征作为最优特征，舍弃其他特征，从而大大减少了特征数目。可以将根据最优特征的最高分类正确性来确定阈值。最终 8 个最优组合特征为均方根、标准差、波形指标、裕度指标、峭度，以及第 5, 13, 14 频带归一化小波包能量。

4.5.4　基于加权 FCM 算法故障诊断方法

从某种意义上说，故障诊断也是模式识别，就是判断待分析样本属于 N 类故障中的哪一类。为了提高故障的在线识别速度，对每类故障选取一些比较典型的故障信号作为训练样本，且每类故障的训练样本个数应尽量均匀。由于训练样本为典型故障，所以最终 FCM 聚类中心可看作 N 类故障的一组标准样本。在线辨识故障样本 x 时，将 x 与这组标准样本进行贴近度运算，求出 x 属于第 i 类故障的隶属度 u_i ($i = 1, 2, \cdots, N$)，式中的聚类中心为离线算出的标准样本。由于标准样本的计算不占用在线故障诊断的时间，所以这种方法具有很好的实时性[88-89]。

基于加权 FCM 算法的滚动轴承故障诊断方法流程如图 4-22 所示。

具体诊断步骤如下：

（1）首先从滚动轴承四种运行状态（即正常状态、滚动体故障、内圈故障、外圈故障）振动信号中提取时域、频域和小波包能量，形成特征向量。

（2）从以上特征向量中，各随机抽取 N 组作为已知故障样本，抽取 M 组作为待识别故障样本。

（3）进行特征评价选取最优特征组合，根据评价指标计算特征的权重。

（4）最后 FCM 算法中融入特征评价和特征加权，进行聚类分析，求得四种故障的聚类中心。

（5）利用式（4.63）求出待识别故障样本属于第 i 类故障的隶属度 u_i（$i = 1 \sim 4$），按最大隶属度准则判定待识别故障样本的类别。

$$x_n^{MA} = \begin{cases} \dfrac{1}{n+3}(x_1 + \cdots + x_{n+3}), & n \leq 3 \\ \dfrac{1}{7}(x_{n-3} + \cdots + x_{n+3}), & 4 \leq n \leq N-3 \\ \dfrac{1}{N-n+4}(x_{k-3} + \cdots + x_N), & N-2 \leq n \leq N \end{cases}$$

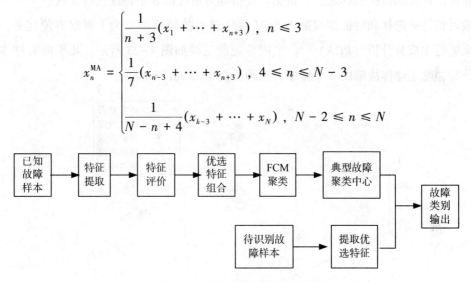

图 4-22　轴承故障诊断流程图

4.5.5　实验验证

1. 实验数据

为了验证本书提出方法的有效性和实用性，对滚动轴承试验台上的几种常见的故障进行了试验分析。试验装置和试验数据均来自笔者的联合培养单位——加拿大湖首大学 Wilson Wang 教授的实验室[90]。实验台由感应电机驱动，速度范围为 20 ~ 4 200 r/min。轴转速可以通过速度控制器进行调节。实验台采用松耦合以消除电机产生的高频振动。轴承型号为 MBER-10K 的两个滚动轴承装在固定支架上，在测试轴承两个方向上安装加速度传感器。数据采集卡采用 NI PCI-4472，采样频率设定为 20 480 Hz。

每个轴承在 5 个不同转速（600 r/min，900 r/min，1 200 r/min，2 100 r/min 和 2 400 r/min）和两种载荷（1.2 N·m and 2.3 N·m）下进行测试。

四种类型的振动数据分别是：正常状态、内圈故障、外圈故障、球体故障。球轴承安装在电机驱动的实验系统中，测试了四种载荷条件下（0 hp，1 hp，2 hp 和 3 hp）的轴承振动数据。加速度传感器安装在电机的驱动端以获取轴承的振动信号。采样频率为 12 000 Hz。故障的引入采用电火花加工方法。实验滚动轴承为 SKF 公司的深沟球轴承，型号为 6205-RS。

2. 故障诊断

四种状态下轴承振动数据共 120 个样本，各种状态下的数据子集分别包括 30 个样本。在特征评价和特征选择之后，根据评价指标对最优的 8 个特征进行加权。

最后将特征选择和特征加权融入 FCM 算法进行故障诊断。为了观察方便起见，对聚类结果进行主成分分析（PCA）[91]。主成分的前三维如图 4-23 所示。几乎所有样本都被正确分类，除了球体故障的 2 个样本，正确分类率为 98.33%。

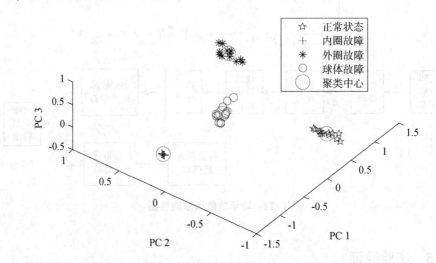

图 4-23　不同状态下轴承样本在三个主成分方向的投影

为了检验本书提出的算法，对不同故障程度下的振动信号数据进行分析。数据集有 108 个样本，每种类型状态下信号各 36 个样本。三种类型状态为正常状态、轻度外圈故障、重度外圈故障。聚类分析结果如图 4-24 所示。所有故障样本都准确分类。

3. 讨论

为了对比分析本书方法与其他方法，采用相同的样本数据进行分析，从分析结果看，本书提出的方法是一个较好的轴承故障诊断方法。

（1）与模糊聚类故障诊断方法的对比。提取特征与本书相同，采用文献 [92] 中模糊聚类方法进行故障诊断，故障正确识别率为 92.50%，低于本书方法（97.50%）。

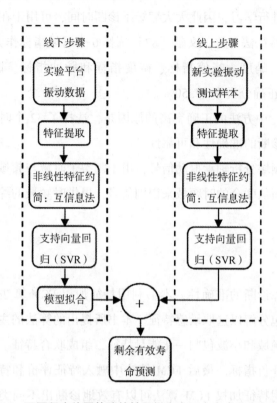

图 4-24　不同程度外圈故障的轴承样本在三个主成分方向的投影

这是因为在故障诊断中，不同的特征对识别不同的故障具有不同的重要性。普通的模糊聚类方法没有考虑不同的振动故障特征对分类有不同的影响，而实际上不同的故障特征对分类的贡献是不同的，有的特征对分类结果起主导作用，有的特征对分类结果影响较小。

（2）与神经网络方法的对比。引发轴承故障的原因很多，且各种因素相互耦联，造成了轴承故障复杂性、故障与征兆并非一一对应。因此，很多研究采用了以神经网络技术为代表的智能诊断方法[93]。

为便于与神经网络比较性能，本书与 BP 神经网络、RBF 神经网络进行对比分析。这两种神经网络均取具有输入层、隐层和输出层的 3 层结构，输入节点数为 32，输出节点数为 4，隐层节点数取 10。BP 神经网络正确分类率为 96.67%，RBF 神经网络正确分类率为 97.50%。

本书正确分类率为 97.50%，虽然与两种神经网络方法相差不大，但是神经网络有不足之处，神经网络收敛速度慢有时甚至发散，需大量历史数据对网络进行训练，必须整理出全面的故障诊断实例作为神经网络的训练样本。然而现场保留下来的振动故障实例较少，因此故障集的正交性和完备性难以保证，这样势必会影响到诊断结果的可靠性。本书方法不需大量的样本进行学习，因此大大缩短了诊断时间，可用于在线实时诊断。

（3）与单纯时域特征法对比。文献［87］选择 6 个时域指标作为轴承故障诊断特征，分别是有效值、峰值、峭度、峰值指标、裕度指标和脉冲指标。该方法正确分类率为83.33%，远小于本书正确分类率 97.50%。

本书比文献［87］中方法的正确率高的原因是，选择了 32 个时域和频域特征，综合时频域信息，会提高诊断的准确性和可靠性。

如果仅从时域或频域分析轴承振动信号，由于割裂了时域与频域的联系，很难获得有关信号特征的全貌。而从联合的时频域来识别信号，提供时频域的综合信息，会提高诊断的准确性和可靠性。

4.5.6　结论

为了提高轴承故障诊断的准确性，本书利用特征加权 FCM 算法进行故障分类，同时结合特征评价和小波包分解以选取敏感特征。本书所提出的算法的主要步骤如下：对原始振动信号提取时域、频域和小波包归一化能量特征，组成联合特征。然后对联合特征进行评价，计算类可分性评价指标。最后 FCM 算法中融入特征评价和特征加权，进行滚动轴承故障诊断。实验表明特征加权 FCM 算法可以有效地诊断出不同类型的轴承故障和不同程度的轴承故障。另外，本书方法不需要大量的样本进行学习，因此大大缩短了诊断时间，可用于在线实时诊断。

第5章 剩余寿命预测

5.1 引 言

工业系统的故障预测与健康管理是状态维护和预测维护等智能维护的核心活动，它包括状态监控、故障检测、故障诊断、故障预测和决策支持。因此对零部件进行故障预测与健康管理可以提高机器可用性、可靠性和安全性。旋转机械的故障预测与健康管理目的不仅仅是检测故障，还可以预测机器能够安全运行并实现功能的时间。

当前很多文献在研究轴承故障诊断和剩余寿命预测方面的研究逐渐引起学者的重视[94]。康守强[95]等采用多个评价标准相结合的方法对特征进行有效性分析，准确而全面地选择出有效特征。申中杰等[96]利用不受轴承个体差异影响的相对方均根值评估轴承性能衰退规律，提出一种基于相对特征的剩余寿命预测的新方法。雷亚国等[97]将小波包分解技术提取振动信号频带能量比作为轴承退化敏感指标，通过选择径向基核函数以及合适的参数，较好地预测了轴承运行趋势。上述方法中采用多个评价标准选择特征增加了计算的复杂性，而单个指标所包含的轴承故障信息太少，不能精准地预测轴承剩余寿命。因此，本书采用互信息法[98]寻找能够代表大量原有特征的少数有效特征，它可以提供更多的与剩余寿命之间的关系信息，进而较好地预测轴承剩余寿命。

针对以上问题，本书提出了利用互信息法进行非线性特征约简，并结合非线性支持向量回归构建健康指标，评估轴承的健康状态，预测剩余有效寿命。

5.2 特征提取与约简

轴承剩余寿命预测过程中，主要困难之一是怎样从有效特征中建立代表退化状态的评估健康的特征指标。为准确预测轴承的剩余寿命，本书从时域、频域中选取多个特征指标作为模型的样本输入。这些特征指标在不同程度上反应轴承的运行状况和发展趋势，选取对故障敏感的特征用于寿命预测，具体如表 5-1 所示。

表 5-1　特征说明

特　征	特征说明
时域	峰值、方差、均方根值、偏度指标、峭度指标、波形指标、峰值指标、脉冲指标、裕度指标
频域	均值频率、中心频率、标准差频率、均方根频率、峭度频率

特征处理包括两部分内容。

（1）轴承原始振动信号含有较多的噪声，提取的特征绘制成的曲线会有许多“毛刺”，为了得到一条相对平滑的曲线，需要对特征进行滑移平均处理，以达到降噪的目的。7 点滑移平均的原理如下：

$$x_n^{MA} = \begin{cases} \dfrac{1}{n+3}(x_1 + \cdots + x_{n+3}), & n \leqslant 3 \\ \dfrac{1}{7}(x_{n-3} + \cdots + x_{n+3}), & 4 \leqslant n \leqslant N-3 \\ \dfrac{1}{N-n+4}(x_{k-3} + \cdots + x_N), & N-2 \leqslant n \leqslant N \end{cases} \tag{5.1}$$

式中，x_n 为原始特征序列；x_n^{MA} 为滑移平均后的新序列；N 为振动数据总个数。

（2）为减少特征变量差异较大对模型性能的影响，对提取的特征进行归一化处理。

$$X_{norm} = (Y_{max} - Y_{min})(X - X_{min})/(X_{max} - X_{min}) + Y_{min} \tag{5.2}$$

式中，X_{norm} 为归一化结果；$Y_{max} = 1$；$Y_{min} = 0$；X 为特征值；X_{max} 为特征最大值；X_{min} 为特征最小值。

互信息（Mutual Information）是信息论中的一个基本概念，是统计两个随机变量相关性的测度。通常用来描述两个系统间的统计相关性，或者是一个系统中所包含另一个系统中信息的多少，作为系统之间相互提供信息量多少的度量。互信息用来衡量两个变量之间的相互关联程度，表示两个变量之间含有相同信息的部分。给出随机变量 X 和 Y，它们各自的边缘概率分布和联合概率分布分别为 $p(x_i)$，$p(y_i)$ 和 $p(x_i, y_i)$，则它们的互信息定义为 $I(X; Y)$：

$$I(X; Y) = E[I(x_i, y_j)] = \sum_{x_i \in X} \sum_{y_j \in Y} p(x_i, y_j) \log \frac{p(x_i, y_j)}{p(x_i)p(y_j)} \tag{5.3}$$

式中，$p(x_i)$ 是 x_i 发生的概率。当 X 和 Y 为两个无关变量或相互独立变量时，$I(X; Y) = 0$，意味着两个变量之间不存在相互包含的信息；反之，两个变量之间相互关联程度越高，则互信息值越大，所包括的相同信息量也就越多。

　　本书计算每个输入样本特征与轴承剩余寿命之间的互信息，预设一个阈值，当互信息值和相关系数绝对值大于阈值时，特征被保留，否则被剔除。

5.3　SVR 预测理论

　　支持向量机（Support Vector Machine，SVM）是由 Vapnik 首先提出的专门处理小样本的学习算法。支持向量回归技术已经成功地应用在各种机器学习问题中，尤其是回归问题、太阳黑子频率预测以及药物发现。在本书中，支持向量回归用来学习轴承的非线性退化模型。支持向量回归的目标是假设在输入和输出变量的联合分布完全未知的情况下，估计输入和输出随机变量的关系。

　　支持向量机主要分两大类型：支持向量分类（SVC）和支持向量回归（SVR），支持向量回归是支持向量机最普遍的应用形式。利用 SVR 技术创建的模型只依赖于训练数据的一个子集，因为模型构造的成本函数会忽略接近模型预测阈值的所有训练数据。回归估计可以在形式上化为函数 $y = f(x)$ 的推断问题，给定训练集 $X = \{(x_i, d_i)，i = 1，\cdots，l\}$，其中 $x_i \in \mathbf{R}^n$ 为输入变量，$d_i \in \mathbf{R}$ 为预测值，l 为训练集个数。回归函数为

$$f(x) = \sum_{i=1}^{l} (\alpha_i - \alpha_i^*) k(x_i, x) + b \tag{5.4}$$

式中，$k(x_i, x)$ 为核函数；b 为偏置门限；α_i 和 α_i^* 为拉格朗日算子，$(\alpha_i - \alpha_i^*)$ 可通过求解下面最优问题得到。

$$\sum_{i,j=1}^{l} (\alpha_i - \alpha_i^*)(\alpha_j - \alpha_j^*) k(x_i, x_j) + \varepsilon \sum_{i=1}^{l} (\alpha_i + \alpha_i^*) - d \sum_{i=1}^{l} (\alpha_i - \alpha_i^*)$$

$$\text{s.t.} \sum_{i=1}^{l} (\alpha_i - \alpha_i^*) = 0 \qquad \alpha_i, \alpha_i^* \in [0, C] \tag{5.5}$$

式中，ε 为不敏感因子；d 为核函数的阶数；C 为惩罚因子。

5.4　预测流程

　　故障预测和健康管理（PHM）是实施基于状态的维护（CBM）和预测维护（PM）的核心。剩余使用寿命的预测主要有三种方法：基于模型的预测、基于数据驱动的预测和混合预测。基于模型的预测结果更加精确，但是实施起来比较困难，因为在大多数应用中，

物理模型的建立并不是简单的事情。基于数据驱动的故障预测依赖于传感器提供的数据来提取特征,这些特征用来建立剩余有效寿命模型。该方法易于实现但是预测结果不如前者精确,相当于在精确度和复杂性之间提供了折中。混合方法集中了前面两种方法的优点,但也有以上这些缺点。

本书提出的方法属于数据驱动型的预测,图 5-1 所示为寿命预测的框架。

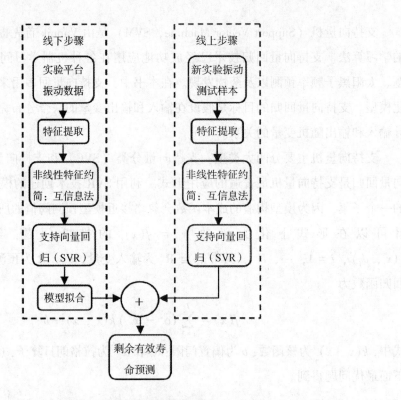

图 5-1　剩余寿命预测流程图

在线下步骤中,利用互信息法对提取的轴承振动信号特征进行约简,将组合特征作为 SVR 模型的输入,轴承当前剩余寿命与全寿命的比值作为模型输出。

5.5　实验验证

PRONOSTIA 实验平台是用来测试和验证轴承的健康状态评估、故障诊断和故障预测模型,如图 5-2 所示。该实验平台在几个小时内加速轴承退化,采集到了描述轴承退化规律的实验数据,PRONOSTIA 平台提供了多种运行条件下的轴承退化数据。

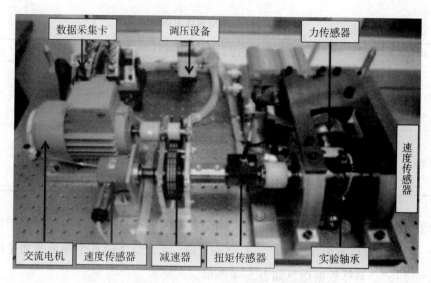

图 5-2　实验平台

　　轴承的退化特征主要依靠安装在实验平台的两种传感器来实现：加速度传感器和温度传感器。轴承的内圈跟随轴进行旋转运动，外圈保持固定，加速度传感器和温度传感器均安装在轴承外圈上。两个加速度传感器安装在轴承外圈的水平位置和垂直位置，分别从水平方向和垂直方向采集振动信息。每 10 s 采集一次长度为 0.1 s 的数据，其中加速度传感器的采样频率是 25.6 kHz，温度传感器的采样频率是 0.1 Hz。

　　在该实验平台下，轴承的寿命加速实验是在三种不同工况下进行的，每种工况的转速以及载荷信息如表 5-2 所示。

表 5-2　工况信息

工　况	转速/ (r · min⁻¹)	载荷/N
工况一	1 800	4 000
工况二	1 650	4 200
工况三	1 500	5 000

　　本书利用互信息法对提取的特征进行特征约简，并应用相关系数法[99]（Relation Coefficient，RC）进行对比分析。利用这两种方法分别计算每个输入样本特征与轴承剩余寿命之间的互信息和相关系数，预设一个阈值，当互信息值和相关系数绝对值大于阈值时，特征被保留，否则被剔除。设定阈值为 0.89，两种方法筛选出的特征以及预测指标如表 5-3 所示。

表 5-3　特征及预测结果指标值

方　法	特　征	互信息值或相关系数	MSE	相关系数 R
互信息法	裕度指标	0.900 2	0.011 5	92.67%
	标准差频率	0.944 9		
	峭度频率	0.952 2		
相关系数法	标准差频率	-0.896 3	0.035 7	89.7%
	均方根频率	-0.893 4		
	峭度频率	-0.897 1		

实验平台采集了三种工况下多个轴承的加速度信息，其中一部分加速度数据作为学习集，另外一部分加速度数据作为测试集。举例来说，工况 2 下第 6 个轴承的加速度数据标记为"轴承 2-6"，具体数据信息如表 5-4 所示。

表 5-4　加速度数据

数据集	运行工况		
	工况 1	工况 2	工况 3
训练集	轴承 1-1	轴承 2-1	轴承 3-1
	轴承 1-2	轴承 2-2	轴承 3-2
测试集	轴承 1-3	轴承 2-3	轴承 3-3
	轴承 1-4	轴承 2-4	
	轴承 1-5	轴承 2-5	
	轴承 1-6	轴承 2-6	
	轴承 1-7	轴承 2-7	

本书将工况一中轴承 1-1 的全寿命数据作为训练集建立预测模型，预测轴承 1-3 的剩余寿命。以轴承约简后的敏感特征组合作为 SVR 训练模型的输入，当前使用剩余寿命与全寿命的比值作为输出。基于两种特征约简方法的剩余寿命预测结果分别如图 5-3 和图 5-4 所示，横坐标为采集时间，纵坐标为剩余寿命百分比。

从图 5-3 和图 5-4 中可以看出轴承剩余寿命预测结果和实际值存在一定的误差，预测值在实际值附近上下波动，预测的总体趋势和实际值相吻合。从表 5-3 中得出通过互信息法特征约简建立的模型，其预测结果的平方相关系数 R 为 92.672 4%，高于相关系数法特征约简建立的模型的 R 值，同时其均方误差 MSE 为 0.011 5，小于后者，证明本书所提特征约简方法在预测剩余寿命中的优越性。

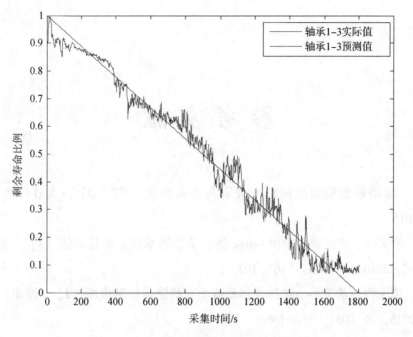

图 5-3　基于互信息的 RUL 预测结果

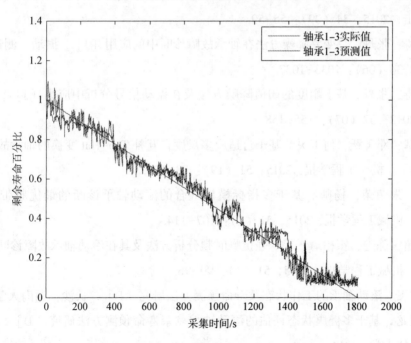

图 5-4　基于相关系数法的 RUL 预测结果

针对轴承剩余寿命难以预测问题，对轴承信号的特征约简方法进行了改进，提出了一种基于互信息和支持向量回归的剩余寿命预测模型。首先对提取的轴承信号特征进行了约简，利用互信息法选取多个有效特征，与剩余寿命构成样本集合训练支持向量回归模型，并将该模型用于预测其他轴承剩余寿命。

参 考 文 献

［1］孙建．滚动轴承振动故障特征提取与寿命预测研究［D］．大连：大连理工大学，2015．

［2］张丹，隋文涛，郭前建．采用 Gabor 滤波器的轴承状态监控方法［J］．北京邮电大学学报，2016，39（02）：103-107．

［3］张丹，隋文涛．基于子小波布置和系数融合的轴承故障诊断［J］．振动、测试与诊断，2016，36（01）：182-186．

［4］隋文涛，张丹，WANG W．基于 EMD 和 MKD 的滚动轴承故障诊断方法［J］．振动与冲击，2015，34（09）：55-59．

［5］隋文涛，张丹．总变差降噪方法在轴承故障诊断中的应用［J］．振动、测试与诊断，2014，34（06）：1033-1037．

［6］隋文涛，张丹．基于峭度的阈值降噪方法及在振动信号分析中应用［J］．振动与冲击，2013，32（07）：155-158．

［7］唐贵基，邓飞跃，何玉灵．基于自适应多尺度自互补 Top-Hat 变换的轴承故障增强检测［J］．机械工程学报，2015，51（19）：93-100．

［8］李川，朱荣荣，杨帅．基于多指标模糊融合的滚动轴承诊断的最优频带解调方法［J］．机械工程学报，2015，51（7）：107-114．

［9］王宏超，陈进，霍柏琦，等．强抗噪时频分析方法及其在滚动轴承故障诊断中的应用［J］．机械工程学报，2015，51（1）：90-96．

［10］刘燕飞．滚动轴承的工作状态及寿命预测方法研究［D］．长沙：湖南大学，2014．

［11］张龙龙．基于多健康状态评估的滚动轴承剩余寿命预测方法研究［D］．成都：电子科技大学，2014．

［12］ANTONI J. Fast computation of the kurtogram for the detection of transient faults［J］．Mechanical Systems and Signal Processing，2007，27（1）：108-124．

［13］丁康，黄志东，林慧斌．一种谱峭度和 Morlet 小波的滚动轴承微弱故障诊断方法［J］．振动工程学报，2014，27（1）：128-135．

[14] 郑近德. 改进的希尔伯特-黄变换及其在滚动轴承故障诊断中的应用 [J]. 机械工程学报, 2015, 51 (1): 138-145.

[15] SUI W T, OSMAN S, WILSON W. An adaptive envelope spectrum technique for bearing fault detection [J]. Measurement Science and Technology, 2014, 25 (9): 1-9.

[16] 崔锡龙, 王红军, 邢济收, 等. 广义形态滤波和 VMD 分解的滚动轴承故障诊断 [J]. 电子测量与仪器学报, 2018 (04): 51-57.

[17] 马洪斌, 佟庆彬, 张亚男. 优化参数的变分模态分解在滚动轴承故障诊断中的应用 [J]. 中国机械工程, 2018, 29 (04): 390-397.

[18] 张云强, 张培林, 王怀光, 等. 结合 VMD 和 Volterra 预测模型的轴承振动信号特征提取 [J]. 振动与冲击, 2018, 37 (03): 129-135.

[19] 赵昕海, 张术臣, 李志深, 等. 基于 VMD 的故障特征信号提取方法 [J]. 振动. 测试与诊断, 2018, 38 (01): 11-19.

[20] 赵洪山, 李浪. 基于最大相关峭度解卷积和变分模态分解的风电机组轴承故障诊断方法 [J]. 太阳能学报, 2018, 39 (02): 350-358.

[21] 周鹏, 秦树人. 基于切片谱 RBF 神经网络的旋转机械故障诊断 [J]. 中国机械工程. 2008, 19 (12): 1488-1491.

[22] 李允公, 张金萍, 刘杰, 等. 基于神经网络和主元分析的特征集生成方法 [J]. 机械工程学报, 2009, 45 (1): 62-67.

[23] 王太勇, 何慧龙, 王国锋, 等. 基于经验模式分解和最小二乘支持矢量机的滚动轴承故障诊断 [J]. 机械工程学报, 2007, 43 (4): 88-92.

[24] 郭磊, 陈进, 朱义, 等. 小波支持向量机在滚动轴承故障诊断中的应用 [J]. 上海交通大学学报, 2009, 43 (4): 678-682.

[25] 宋云雪, 张传超, 史永胜. 基于模糊粗集的航空发动机特征参数提取算法 [J]. 航空动力学报. 2008, 23 (6): 1127-1130.

[26] 赵洪山, 刘辉海. 基于深度学习网络的风电机组主轴承故障检测 [J]. 太阳能学报, 2018, 39 (03): 588-595.

[27] 温江涛, 闫常弘, 孙洁娣, 等. 基于压缩采集与深度学习的轴承故障诊断方法 [J]. 仪器仪表学报, 2018, 39 (01): 171-179.

[28] 郭亮, 高宏力, 张一文, 等. 基于深度学习理论的轴承状态识别研究 [J]. 振动与冲击, 2016, 35 (12): 166-170.

[29] 汤宝平, 罗雷, 邓蕾, 等. 风电机组传动系统振动监测研究进展 [J]. 振动、测试与诊断, 2017, 37 (03): 417-425.

[30] 姜景升，崔嘉，王德吉，等．基于 CEEMD-BP 神经网络大数据轴承故障诊断 [J]．设备管理与维修，2016（09）：100-103.

[31] SHEN Z, CHEN X, HE Z, et al. Remaining life predictions of rolling bearing based on relative features and multivariable support vector machine [J]. Jixie Gongcheng Xuebao (Chinese Journal of Mechanical Engineering), 2013, 49 (2): 183-189.

[32] SUN C, ZHANG Z, HE Z. Research on bearing life prediction based on support vector machine and its application [J]. Journal of Physics: Conference Series, 2011, 305 (1): 12-28.

[33] KIM H E, TAN A C, Mathew J, et al. Bearing fault prognosis based on health state probability estimation [J]. Expert Systems with Applications, 2012, 39 (5): 5200-5213.

[34] GALAR D, KUMAR U, LEE J, et al. Remaining useful life estimation using time trajectory tracking and support vector machines [J]. Journal of Physics: Conference Series, 2012, 364 (1): 012-063.

[35] SUTRISNO E, VASAN O H, PECHT M. Estimation of remaining useful life of ball bearings using data driven methodologies [C]. Prognostics and Health Management, Denver, CO, 2012, 1-7.

[36] 程发斌．面向机械故障特征提取的混合时频分析方法研究 [D]．重庆：重庆大学，2007.

[37] 郑海波．非平稳非高斯信号特征提取与故障诊断技术研究 [D]．合肥：合肥工业大学，2002.

[38] MALLAT S, HWANG W L. Singularity detection and processing with wavelets, IEEE Transactions on Inforniation theory, 1992, 38 (2): 617-643.

[39] XU Y S, JOHN B W, DENIS M H, et al. Wavelet transform domain filters: a spatially selective noise filtration technique [J]. Trans on Image Processing, 1994, 3 (6): 747-758.

[40] DONOHO D L. De-noising by soft-thresholding [J]. IEEE Transactions on Information Theory, 1995, 41 (3): 613-627.

[41] 王新，朱高中．一种新型小波阈值法在信号消噪的应用研究 [J]．高电压技术，2008, 34 (2): 3424-347.

[42] 孟晋丽．基于邻域相关性的小波域滤波算法研究 [D]．西安：西北工业大学，2006.

[43] 潘泉，张磊．小波滤波方法及应用 [M]．北京：清华大学出版社，2005.

[44] 孙延奎. 小波分析及其应用［M］. 北京：机械工业出版社，2004.

[45] 储鹏鹏. 基于小波变换的图像去噪方法研究［D］. 西安：西安电子科技大学，2009.

[46] 欧阳春娟，杨群生，欧阳迎春. 基于小波变换的自适应模糊阈值去噪算法［J］. 计算机工程与应用，2006，42（5）：82-84.

[47] HONG H, LIANG M. K - hybrid: a kurtosis based hybrid thresholding method for mechanical signal de-noising［J］, Journal Vibration and Acoustics, 2007, 129（4）：458-470.

[48] 陈远贵，罗保钦，曾庆宁. 基于一种新的小波阈值函数的心音信号去噪［J］. 计算机仿真，2010，27（11）：319-323.

[49] LOPARO K A. Bearings vibration data set, Case Western Reserve University［EB/OL］.［2018-10-16］. http：//www. eecs. cwru. edu/laboratory/bearing/download. html.

[50] 周晓峰，杨世锡，甘春标. 一种旋转机械振动信号的盲源分离消噪方法［J］. 振动、测试与诊断，2012，32（5）：714-717.

[51] 严鹏，李乔，单德山. 斜拉桥健康监测信号改进小波相关降噪［J］. 振动、测试与诊断，2012，32（2）：317-322.

[52] 姜宏伟，袁朝辉，邱雷. 运用小波变换的飞机管路振动信号降噪方法［J］. 振动、测试与诊断，2012，32（5）：827-830.

[53] 刘文艺，汤宝平，蒋永华. 一种自适应小波消噪方法［J］. 振动、测试与诊断，2011，31（1）：74-77.

[54] 陈仁祥，汤宝平，吕中亮. 基于相关系数的 EEMD 转子振动信号降噪方法［J］. 振动、测试与诊断，2012，32（4）：542-546.

[55] RUDIN L I, OSHER S, FATEMI E. Nonlinear total variation based noise removal algorithms［J］, Physica D, 1992, 60：259 - 268.

[56] 王丽艳，韦志辉，罗守华. 总变差正则化断层图像重建的解耦 Bregman 迭代算法［J］. 中国图象图形学报，2011，16（3）：357-363.

[57] NING X, Selesnick I W. ECG Enhancement and QRS Detection Based on Sparse Derivatives［J］. Biomedical Signal Processing and Control, 2013, 8：713-723.

[58] CONDAT L. A direct algorithm for 1D total variation denoising［J］. IEEE Signal Processing Letters, 2013, 20（11）：1054-1057.

[59] 谭继勇，陈雪峰，何正嘉. 冲击信号的随机共振自适应检测方法［J］. 机械工程学报，2010，46（23）：61-67.

[60] 毛玉龙, 范虹. 经验模式分解回顾与展望 [J]. 计算机工程与科学, 2014 (01): 155-162.

[61] DRAGOMIRETSKIY K, ZOSSO D. Variational Mode Decomposition [J]. IEEE Transactions on Signal Processing, 2014, 62 (3): 531-544.

[62] 唐贵基, 王晓龙. 参数优化变分模态分解方法在滚动轴承早期故障诊断中的应用 [J]. 西安交通大学学报, 2015, 49 (05): 73-81.

[63] 陈寅生, 姜守达, 刘晓东, 等. 基于 EEMD 样本熵和 SRC 的自确认气体传感器故障诊断方法 [J]. 系统工程与电子技术. 2016 (05): 1215-1220.

[64] 雷亚国. 基于改进 Hilbert Huang 变换的机械故障诊断 [J]. 工程学报, 2011, 47 (5): 71-77.

[65] 张建宇, 张随征, 管磊, 等. 基于小波包变换和样本熵的滚动轴承故障诊断 [J]. 振动、测试与诊断, 2015, 35 (1): 128-132.

[66] 赵志宏, 杨绍普. 基于小波包变换和样本熵的滚动轴承故障诊断 [J]. 振动、测试与诊断, 2012, 32 (4): 640-644.

[67] 陈向民, 于德介, 李蓉. 基于形态分量分析的滚动轴承故障诊断方法 [J]. 振动与冲击, 2014, 33 (5): 132-136.

[68] 梅宏斌. 滚动轴承振动监测与诊断理论方法系统 [M]. 北京: 机械工业出版社, 1996.

[69] WANG D, Peter W T, Kwok L T. An enhanced Kurtogram method for fault diagnosis of rolling element bearings [J]. Mechanical Systems and Signal Processing, 2013, 35 (1): 176 - 199.

[70] 康海英, 栾军英, 郑海起, 等. 基于阶次跟踪和经验模态分解的滚动轴承包络解调分析 [J]. 机械工程学报, 2007, 43 (8): 119-122.

[71] 王志阳, 杜文辽, 陈进. 基于模型的 CICA 及其在滚动轴承故障诊断中的应用 [J]. 振动与冲击, 2015, 34 (8): 66-70.

[72] 刘韬, 陈进, 董广明. KPCA 和耦合隐马尔科夫模型在轴承故障诊断中的应用 [J]. 振动与冲击, 2014, 33 (21): 85-89.

[73] 代士超, 郭瑜, 伍星, 等. 基于子频带谱峭度平均的快速谱峭度图算法改进 [J]. 振动与冲击, 2015, 34 (7): 98-102.

[74] TOMASZ B, ADAM J. A novel method for the optimal band selection for vibration signal demodulation and comparison with the Kurtogram [J]. Mechanical Systems and Signal Processing, 2011, 25 (2): 431-451.

[75] SU W S, WANG F T, ZHU H. Rolling element bearing faults diagnosis based on optimal Morlet wavelet filter and autocorrelation enhancement [J]. Mechanical Systems and Signal Processing, 2013, 24 (5): 1458-1472.

[76] GABOR D. Theory of communication [J]. Journal of Institute for Electrical Engineering, 1946, 93: 429-457.

[77] 周智, 朱永生, 张优云, 等. 基于 MMSE 和谱峭度的滚动轴承故障诊断方法 [J]. 振动与冲击, 2013, 32 (6): 73-77.

[78] 唐宏宾, 吴运新, 滑广军, 等. 基于 EMD 包络谱分析的液压泵故障诊断方法 [J]. 振动与冲击, 2012, 31 (9): 44-48.

[79] 苏文胜, 王奉涛, 张志新, 等. EMD 降噪和谱峭度法在滚动轴承早期故障诊断中的应用 [J]. 振动与冲击, 2010, 29 (3): 18-21.

[80] 张志刚, 石晓辉, 陈哲明, 等. 基于改进 EMD 与滑动峰态算法的滚动轴承故障特征提取 [J]. 振动与冲击, 2012, 31 (22): 80-83.

[81] HUANG N E, ZHENG S, LONG S R, et al. The empirical mode decomposition and the Hilbert spectrum for nonlinear and non-stationary time series analysis [J]. Proceedings A, 1998, 454 (1971): 903-995.

[82] WIGGINS R A. Minimum entropy deconvolution [J]. Geophysical Prospecting for Petrole, 1980, 16 (1): 21-35.

[83] ENDO H, RANDALL R B. Enhancement of autoregressive model based gear tooth fault detection technique by the use of minimum entropy deconvolution filter [J]. Mechanical Systems & Signal Processing, 2007, 21 (2): 906-919.

[84] SAWALHI N, RANDALL R B, Endo Hiroaki. The enhancement of fault detection and diagnosis in rolling element bearings using minimum entropy deconvolution combined with spectral kurtosis [J]. Mechanical Systems and Signal Processing, 2007, 21 (6): 2616-2633.

[85] WANG W, LEE H. An energy kurtosis demodulation technique for signal denoising and bearing fault detection [J]. Measurement Science & Technology, 2013, 24 (2): 601.

[86] BEZDEK J C. Pattern Recognition with Fuzzy Objective Function Algorithms [M]. New York: Springer, 1981.

[87] 雷亚国, 何正嘉, 訾艳阳. 混合聚类新算法及其在故障诊断中的应用 [J]. 机械工程学报, 2006, 42 (12): 116-121.

[88] 刘守生, 于盛林, 丁勇. 基于进化 FCM 算法的故障诊断方法 [J]. 系统工程与电

子技术，2004，26（9）：1287-1290.

[89] 周川，伍星，刘畅. 基于 EMD 和模糊 C 均值聚类的滚动轴承故障诊断［J］. 昆明理工大学学报（理工版），2009，34（6）：34-39.

[90] WANG W. An intelligent system for machinery condition monitoring ［J］. IEEE Transactions on Fuzzy Systems，2008，16（1）：110-122.

[91] LEI Y G，HE Z J. New clustering algorithm-based fault diagnosis using compensation distance evaluation technique ［J］. Mechanical Systems and Signal Processing，2008，22：419-435.

[92] 崔宝珍，王泽兵，潘宏侠. 小波分析-模糊聚类法用于滚动轴承故障诊断［J］. 振动. 测试与诊断，2008，28（2）：151-154.

[93] 刘良顺，魏立东，宋希庚. 基于 RBF 神经网络的滚动轴承故障诊断方法［J］. 农业机械学报，2006，37（3）：163-165.

[94] BENKEDJOUH T，MEDJAHER K，ZERHOUNI N，et al. Remaining useful life estimation based on nonlinear feature reduction and support vector regression ［J］. Engineering Applications of Artificial Intelligence，2013，26（7）：1751-1760.

[95] 康守强，叶立强，王玉静，等. 基于 MCEA-KPCA 和组合 SVR 的滚动轴承剩余使用寿命预测［J］. 电子测量与仪器学报，2017，31（9）：1365-1371.

[96] 申中杰，陈雪峰，何正嘉，等. 基于相对特征和多变量支持向量机的滚动轴承剩余寿命预测［J］. 机械工程学报，2013，49（2）：183-189.

[97] 雷亚国，吴雄辉，陈吴，等. 一种基于相关向量机的滚动轴承运行趋势多步预测方法［C］//全国设备监测诊断与维护学术会议、全国设备故障诊断学术会议暨2014 年全国设备诊断工程会议. 2014.

[98] 李军，李佳，张世义，等. 采用 EEMD 算法与互信息法的机械故障诊断方法［J］. 华侨大学学报（自然科学版），2018，39（1）：7-13.

[99] 甄宇峰，施化吉. 基于条件信息熵和相关系数的属性约简算法［J］. 计算机工程与应用，2011，47（16）：26-28.